第十五届

获奖工程集锦

中国土木工程詹天佑奖

郭允冲 主编

中国土木工程学会
北京詹天佑土木工程科学技术发展基金会

中国建筑工业出版社

中国土木工程詹天佑奖于1999年经科技部核准、建[...]领域组织开展，以表彰奖励科技创新与新技术应用成绩[...]风办核定，中共中央、国务院同意的住房和城乡建设部[...]的繁荣发展发挥了积极作用。

设部认定，在建设、铁道、交通、水利等土木工程建设

显著的工程项目为宗旨的重要奖项，2009年经国务院纠

评比达标表彰项目之一，为促进我国土木工程科学技术

《第十五届中国土木工程詹天佑奖获奖工程集锦》编委会

主　　编：郭允冲

副 主 编：冯正霖　卢春房　刘士杰　李建钢

编　　辑：程　莹　薛晶晶　董海军

中国土木工程詹天佑奖指导委员会

主　　任：郭允冲　中国土木工程学会理事长、住房城乡建设部原副部长

副 主 任：冯正霖　中国土木工程学会副理事长、交通运输部副部长

　　　　　卢春房　中国土木工程学会副理事长、中国铁路总公司副总经理

委　　员：刘士杰　中国土木工程学会副理事长、中国建设报社原社长

　　　　　何华武　中国铁路总公司总工程师、中国工程院院士

　　　　　周海涛　交通运输部原总工程师（公路）

　　　　　徐　光　交通运输部原总工程师（水路）

　　　　　李如生　住房城乡建设部工程质量安全监管司司长

　　　　　张　毅　住房城乡建设部建筑市场监管司司长

　　　　　孙继昌　中国土木工程学会常务理事、水利部建设与管理司原司长

　　　　　刘正光　中国土木工程学会常务理事、香港工程师学会原主席

詹天佑土木工程科学技术奖
第十五届中国土木工程詹天佑奖获奖工程集锦

土木工程是一门与人类历史共生并存、集人类智慧之大成的综合性应用学科，它源自人类生存的基本需要，转而渗透到了国计民生的方方面面，在国民经济和社会发展中占有重要的地位。如今，一个国家的土木工程技术水平，已经成为衡量其综合国力的一个重要内容。

"科技创新，与时俱进"，是振兴中华的必由之路，是保证我们国家永远立于世界民族之林的关键。同其他科学技术一样，土木工程技术也是一门需要随着时代进步而不断创新的学科，在我们中华民族为之骄傲的悠久历史上，土木建筑曾有过举世瞩目的辉煌！在改革开放的今天，现代化进程为中华大地带来了日新月异的变化，国民经济发展迅猛，基础建设规模空前，我国先后建成了一大批具有国际水平的重大工程项目。这无疑为我国土木工程技术的发展与应用提供了无比广阔的空间，同时，也为工程建设者们施展才能提供了绝妙的机会。可是我们不能忘记，机遇与挑战并存，要想准确地把握机遇，我们必须拥有推陈出新的理念和自主创新的成就，只有这样，我们才能在强手如林的国际化竞争中立于不败之地，不辜负时代和国家寄予我们的厚望。

为了贯彻国家关于建立科技创新体制和建设创新型国家的战略部署，积极倡导土木工程领域科技应用和科技创新的意识，中国土木工程学会与北京詹天佑土木工程科学技术发展基金会专门设立了"中国土木工程詹天佑奖",以奖励和表彰在科技创新特别是自主创新方面成绩卓著的优秀项目,树立科技领先的样板工程,并力图达到以点带面的目的。自1999年开始,迄今已评奖15届,共计433项工程获此殊荣。

詹天佑大奖是经住房城乡建设部审定(建办[2001] 38号和[2005] 79号文)并得到交通运输部、水利部、中国铁路总公司等鼎力支持的全国建设系统的主要奖励项目;同时也是由科技部核准的全国科技奖励项目之一(国科奖社证字第14号)。

为了扩大宣传,促进交流,我们编撰出版了这部《第十五届中国土木工程詹天佑奖获奖工程集锦》大型图集,对第十五届的29项获奖工程作了简要介绍,并配发了具有代表性的图片,以助读者更为直观地领略获奖工程的精华之所在。另外,我们也想借助这本图集的发行,赢得广大工程界的朋友对"詹天佑大奖"更进一步的了解、支持和参与,希望通过我们的共同努力,使这一奖项更具创新性、先进性和权威性。

由于编印时间仓促,疏漏之处在所难免,敬请批评指正。

本图集主要是根据第十五届詹天佑大奖申报资料中的照片和说明以及部分获奖单位提供的获奖工程照片选编而成。谨此,向为本图集提供资料及图片的获奖单位表示诚挚的谢意。

目录

获奖工程及获奖单位名单

上海中心大厦

（推荐单位：中国土木工程学会总工程师工作委员会）

上海建工集团股份有限公司
同济大学建筑设计研究院（集团）有限公司
上海中心大厦建设发展有限公司
上海市机械施工集团有限公司
上海建工一建集团有限公司
上海市基础工程集团有限公司
上海市安装工程集团有限公司
上海岩土工程勘察设计研究院有限公司
上海建科工程咨询有限公司
上海市建筑装饰工程集团有限公司
上海园林（集团）有限公司
上海建工材料工程有限公司
上海市建工设计研究总院有限公司
上海材料研究所
上海建工七建集团有限公司

1

宁波站

（推荐单位：中国铁道建筑总公司）

中铁建设集团有限公司
上海铁路局宁波铁路枢纽工程建设指挥部
中铁十七局集团有限公司上海轨道交通工程有限公司
北京中铁装饰工程有限公司
同济大学建筑设计研究院（集团）有限公司

2

上海迪士尼度假区

（推荐单位：中国土木工程学会总工程师工作委员会）

上海建工集团股份有限公司
上海建工二建集团有限公司
上海建工七建集团有限公司
上海建工四建集团有限公司
中国建筑第二工程局有限公司
中国建筑第八工程局有限公司
中国京冶工程技术有限公司
上海园林（集团）有限公司
上海市浦东新区建设（集团）有限公司
上海申迪园林投资建设有限公司
上海市安装工程集团有限公司
上海市建筑装饰工程集团有限公司
上海市机械施工集团有限公司
上海宝冶建筑装饰有限公司
中建二局安装工程有限公司
中建二局装饰工程有限公司
六合峰（天津）科技股份有限公司
苏州金螳螂建筑装饰股份有限公司
浙江亚厦装饰股份有限公司
上海建筑设计研究院有限公司

3

上海现代建筑设计集团工程建设咨询有限公司
上海筑京现代建筑技术信息咨询有限公司
同济大学建筑设计研究院（集团）有限公司
上海城乡建筑设计院有限公司
上海市政工程设计研究总院（集团）有限公司
华东建筑集团股份有限公司
上海同济工程项目管理咨询有限公司
上海同济工程咨询有限公司
上海富达工程管理咨询有限公司

3

上海交响乐团音乐厅

（推荐单位：上海市土木工程学会）

上海建工四建集团有限公司
上海交响乐团
同济大学建筑设计研究院（集团）有限公司
上海市安装工程集团有限公司

4

南京牛首山文化旅游区佛顶宫工程

（推荐单位：中国建筑工程总公司）

中国建筑第八工程局有限公司
华东建筑设计研究院有限公司
上海申元岩土工程有限公司
上海通正铝合金结构工程技术有限公司
苏州金螳螂建筑装饰股份有限公司
中建安装工程有限公司
深圳市洪涛装饰股份有限公司
上海通用金属结构工程有限公司
南京牛首山文化旅游集团有限公司

5

重庆国际博览中心

（推荐单位：重庆市土木建筑学会）

中建五局第三建设有限公司
中国建筑股份有限公司
中建钢构有限公司
北京市建筑设计研究院有限公司
重庆悦来投资集团有限公司
北京城建二建设工程有限公司
重庆建工集团股份有限公司
重庆建工第三建设有限责任公司

6

宜兴市文化中心

（推荐单位：北京市建筑业联合会）

北京建工集团有限责任公司
宜兴市公共建筑建设管理中心
华东建筑设计研究院有限公司
无锡王兴幕墙装饰工程有限公司
浙江大丰实业股份有限公司
无锡岩土工程有限公司

7

获奖工程及获奖单位名单

鄂尔多斯市东胜区全民健身活动中心体育场

（推荐单位：内蒙古自治区建筑业协会）

内蒙古兴泰建设集团有限公司
中国建筑设计院有限公司
浙江精工钢结构集团有限公司
内蒙古碧轩装饰工程有限责任公司
内蒙古金鑫泰钢结构有限责任公司
上海栃汇机电科技有限公司

8

新建杭州东站扩建工程站房及相关工程

（推荐单位：浙江省土木建筑学会）

浙江省建工集团有限责任公司
中南建筑设计院股份有限公司
中铁第四勘察设计院集团有限公司
杭州铁路枢纽建设有限公司
浙江江南工程管理股份有限公司
浙江大学
中铁四局集团钢结构建筑有限公司

9

马鞍山长江公路大桥

（推荐单位：交通运输部）

安徽省交通控股集团有限公司
安徽省交通规划设计研究总院股份有限公司
中铁大桥勘测设计院集团有限公司
中交第二公路工程局有限公司
中交第二航务工程局有限公司
中铁大桥局集团有限公司
中交路桥华南工程有限公司
安徽省高等级公路工程监理有限公司
合肥工大建设监理有限责任公司
中铁宝桥集团有限公司
重庆市智翔铺道技术工程有限公司
安徽省路港工程有限责任公司
安徽省交通建设股份有限公司

10

马来西亚槟城第二跨海大桥

（推荐单位：中国交通建设集团有限公司）

中国港湾工程有限责任公司
中交公路规划设计院有限公司
中交第四航务工程局有限公司
中交第二航务工程局有限公司
中交第三航务工程局有限公司

11

京新高速公路上地铁路分离式立交桥

（推荐单位：中国铁路工程总公司）

中铁六局集团有限公司
北京市首都公路发展集团有限公司

12

中铁工程设计咨询集团有限公司

12

宁波铁路枢纽新建北环线工程甬江特大桥

（推荐单位：中国铁道工程建设协会）

中铁四局集团有限公司
中铁第四勘察设计院集团有限公司
上海铁路局宁波铁路枢纽工程建设指挥部
中铁四局集团第二工程有限公司
铁四院（湖北）工程监理咨询有限公司

13

新建兰新铁路第二双线工程（新疆段）

（推荐单位：中国铁道工程建设协会）

兰新铁路新疆有限公司
中铁第一勘察设计院集团有限公司
中铁十二局集团有限公司
中铁二十一局集团有限公司
中铁二局工程有限公司
中铁四局集团有限公司
中铁一局集团有限公司
中铁二十局集团有限公司
中铁十六局集团有限公司
中国铁建电气化局集团有限公司
中铁三局集团有限公司
新疆生产建设兵团建设工程(集团)有限责任公司
兰州交通大学
中铁十二局集团第四工程有限公司
中国铁建大桥工程局集团有限公司

14

重庆至利川铁路

（推荐单位：中国铁路总公司）

中铁二院工程集团有限责任公司
渝利铁路有限责任公司
中铁大桥局集团有限公司
中铁隧道局集团有限公司
中铁十一局集团有限公司
中铁十八局集团有限公司
中铁十二局集团有限公司
中铁五局集团有限公司
中铁二十三局集团有限公司

15

青藏铁路新关角隧道

（推荐单位：中国铁道建筑总公司）

中铁第一勘察设计院集团有限公司
中铁隧道局集团有限公司
中铁十六局集团有限公司
中国铁路青藏集团有限公司
中铁二十二局集团有限公司

16

获奖工程及获奖单位名单

南京市梅子洲过江通道连接线工程——青奥轴线地下交通系统及相关工程

（推荐单位：中国铁道建筑总公司）

中铁十四局集团有限公司
中铁十五局集团有限公司
中铁第四勘察设计院集团有限公司
南京市公共工程建设中心
中国铁建投资集团有限公司

17

大理至丽江高速公路

（推荐单位：中国公路学会）

云南大丽高速公路建设指挥部
云南省交通规划设计研究院
中交公路规划设计院有限公司
中国科学院武汉岩土力学研究所
云南交投集团公路建设有限公司
云南省公路工程监理咨询公司
云南第二公路桥梁工程有限公司
中交路桥建设有限公司
云南云桥建设股份有限公司

18

阿尔及利亚东西高速公路

（推荐单位：中国交通建设集团有限公司）

中交第一公路勘察设计研究院有限公司
中信建设有限责任公司
中国铁建股份有限公司
中国铁建国际集团有限公司
中铁十二局集团有限公司

19

糯扎渡水电站工程

（推荐单位：中国大坝工程学会）

华能澜沧江水电股份有限公司
中国电建集团昆明勘测设计研究院有限公司
中国人民武装警察部队水电第一总队
中国水利水电第十四工程局有限公司
长江勘测规划设计研究有限责任公司
中国水利水电建设工程咨询西北有限公司
中国水利水电第七工程局有限公司
中国水利水电第八工程局有限公司

20

雅砻江锦屏一级水电站工程

（推荐单位：中国大坝工程学会）

雅砻江流域水电开发有限公司
中国电建集团成都勘测设计研究院有限公司
中国葛洲坝集团第二工程有限公司
中国水利水电第七工程局有限公司
中国水利水电第十四工程局有限公司
长江水利委员会工程建设监理中心（湖北）

21

青岛港董家口港区青岛港集团矿石码头工程

（推荐单位：中国土木工程学会港口工程分会）

中交水运规划设计院有限公司
青岛港国际股份有限公司港建分公司
中交一航局第二工程有限公司

22

上海市轨道交通 12 号线工程

（推荐单位：中国土木工程学会轨道交通分会）

上海轨道交通十二号线发展有限公司
上海市隧道工程轨道交通设计研究院
上海隧道工程有限公司
上海市基础工程集团有限公司
中铁一局集团有限公司
中交隧道工程局有限公司
中国铁建大桥工程局集团有限公司
上海建工四建集团有限公司
上海建工五建集团有限公司
上海市机械施工集团有限公司
中铁四局集团有限公司
中铁二十四局集团有限公司
上海宏波工程咨询管理有限公司
中铁上海设计院集团有限公司
中国铁路通信信号股份有限公司
中国铁建电气化局集团有限公司
中国铁路通信信号上海工程局集团有限公司
北京城建设计发展集团股份有限公司
中铁隧道局集团有限公司

23

青岛市地铁 3 号线工程

（推荐单位：中国土木工程学会轨道交通分会）

青岛地铁集团有限公司
北京城建设计发展集团股份有限公司
中铁四局集团有限公司
中铁十七局集团有限公司
中铁隧道局集团有限公司
中铁三局集团有限公司
中铁九局集团有限公司
青建集团股份公司
中铁十八局集团有限公司
中铁二十局集团有限公司
中青建安建设集团有限公司

24

南京至高淳城际轨道南京南站至禄口机场段工程（S1 线一期）

（推荐单位：江苏省土木建筑学会）

上海隧道工程有限公司
南京地铁建设有限责任公司
广州地铁设计研究院有限公司
北京城建设计发展集团股份有限公司

25

广州轨道交通建设监理有限公司   25

香港净化海港计划
（推荐单位：香港工程师学会（土木分部））

香港特别行政区政府渠务署
奥雅纳工程顾问
艾奕康有限公司
中国建筑国际集团有限公司
安乐工程有限公司
上海隧道工程股份有限公司

26

郑州市下穿中州大道下立交工程
（推荐单位：中国土木工程学会市政工程分会）

上海隧道工程有限公司
郑州市市政工程建设中心
上海市隧道工程轨道交通设计研究院
郑州中兴工程监理有限公司
河南省交通规划设计研究院股份有限公司

27

杭州市东、西部天然气应急气源站工程
（推荐单位：中国土木工程学会燃气分会）

杭州市燃气集团有限公司
中国市政工程华北设计研究总院有限公司
杭州杭氧低温容器有限公司
中国联合工程有限公司
浙江省工业设备安装集团有限公司
杭州市城乡建设设计院股份有限公司

28

南宁·瀚林美筑
（推荐单位：中国土木工程学会住宅工程指导工作委员会）

广西建工集团第一建筑工程有限责任公司
广西中信恒泰工程顾问有限公司
广西富林景观建设有限公司

29

新疆军区"三零矿"工程
（推荐单位：中国土木工程学会防护工程分会）

新疆军区工程科研设计所
中国人民解放军69098部队

30

中国土木工程詹天佑奖简介

一、为贯彻国家科技创新战略，提高工程建设水平，促进先进科技成果应用于工程实践，创造出优秀的土木建筑工程，特设立中国土木工程詹天佑奖。本奖项旨在奖励和表彰我国在科技创新和科技应用方面成绩显著的优秀土木工程建设项目。本奖项评选要充分体现"创新性"（获奖工程在规划、勘察、设计、施工及管理等技术方面应有显著的创造性和较高的科技含量）、"先进性"（反映当今我国同类工程中的最高水平）、"权威性"（学会与政府主管部门之间协同推荐与遴选）。

本奖项是我国土木工程界面向工程项目的最高荣誉奖，由中国土木工程学会和北京詹天佑土木工程科学技术发展基金会颁发，在住房城乡建设部、交通运输部、水利部及中国铁路总公司等建设主管部门的支持与指导下进行。

本奖自第三届开始每年评选一次，每次评选获奖工程一般不超过30项。

二、本奖项隶属于"詹天佑土木工程科学技术奖"（2001年3月经国家科技奖励工作办公室首批核准，国科准字001号文），住房城乡建设部认定为建设系统的三个主要评比奖励项目之一（建办38号文）。

三、本奖项评选范围包括下列各类工程：

1．建筑工程（含高层建筑、大跨度公共建筑、工业建筑、住宅小区工程等）；

2．桥梁工程（含公路、铁路及城市桥梁）；

3．铁路工程；

4．隧道及地下工程、岩土工程；

5．公路及场道工程；

6．水利、水电工程；

7．水运、港口及海洋工程；

8．城市公共交通工程（含轨道交通工程）；

第 十 四 届 中 国 土 木 工

科技部颁发奖项证书

获奖代表领奖

评审会议

9. 市政工程（含给水排水、燃气热力工程）；

10. 特种工程（含军工工程）。

申报本奖项的单位必须是中国土木工程学会团体会员。申报本奖项的工程需具备下列条件：

1. 必须在规划、勘察、设计、施工以及工程管理等方面有所创新和突破（尤其是自主创新），整体水平达到国内同类工程领先水平；

2. 必须突出体现应用先进的科学技术成果，有较高的科技含量，具有一定的规模和代表性；

3. 必须贯彻执行"适用、经济、绿色、美观"的建筑方针，突出建筑使用功能以及节能、节水、节地、节材和环境保护等可持续发展理念；

4. 工程质量必须达到优质工程；

5. 必须通过竣工验收。对建筑、市政等实行一次性竣工验收的工程，必须是已经完成竣工验收并经过一年以上使用核验的工程；对铁路、公路、港口、水利等实行"交工验收或初验"

与"正式竣工验收"两阶段验收的工程，必须是已经完成"正式竣工验收"的工程。

四、根据本奖项的评选工程范围和标准，由学会各级组织、建设主管部门提名参选工程；根据上述提名，经詹天佑大奖评委会进行遴选，提出候选工程；由候选工程的建设总负责单位填报"詹天佑大奖申报表"和有关申报材料；最后由詹天佑大奖指导委员会和评审委员会审定。詹天佑大奖的评审由"詹天佑大奖评选委员会"组织进行。评选委员会由各专业的土木工程专家组成。

詹天佑大奖指导委员会负责工程评选的指导和监督。指导委员会由住房城乡建设部、交通运输部、水利部、中国铁路总公司等有关部门领导组成。

五、在评奖年度组织召开颁奖大会，对获奖工程的主要参建单位授予"詹天佑"奖杯、奖牌和荣誉证书，并统一组织在相关媒体上进行获奖工程展示。

程 詹 天 佑 奖 颁 奖 大 会

2017年4月 北京

科技部、住房城乡建设部、交通运输部、水利部、中国铁路总公司、中国科学技术协会等部委领导与获奖代表合影

上海中心大厦

（推荐单位：中国土木工程学会总工程师工作委员会）

上海中心大厦全景图

一、工程概况

上海中心大厦是一座集办公、商业、酒店、观光为一体的摩天大楼，总建筑面积约58万m²，高632m，为中国第一、世界第二高楼。大楼结构地下5层，地上127层，采用内外双层玻璃幕墙的支撑结构体系。建筑造型独特，外观宛如一条盘旋升腾的巨龙，盘旋上升，形成以旋转120°且建筑截面自下朝上收分缩小的外部立面。桩基采用超长钻孔灌注桩，结构为钢混结构体系。竖向结构包括钢筋混凝土核心筒和巨型柱，水平结构包括楼层钢梁、楼面桁架、带状桁架、伸臂桁架和组合楼板，顶部设有屋顶皇冠。

工程于2008年12月2日开工建设，2015年4月30日竣工，总投资150亿元。

二、科技创新与新技术应用

1. 基于"垂直城市"高层建筑设计理念，创新采用中庭设计方案，在每个区布置空中花园，形成独立的生物气候区，实现了立体绿化，改善了空气质量。

2. 创新采用曲面旋转上升空间设计。曲面外幕墙通过悬挂柔性钢结构支撑，120°旋转向上的建筑表皮造型宛如一条盘旋升腾的巨龙，大大减少了风力负荷。

3. 基于绿色建筑设计理念，首次在400m级摩天建筑中实施LEED铂金级绿色建筑营造，地下空间面积达14倍建筑占地面积，建筑综合节水率达43%、节能率达54.3%，年减少碳排放2.5万t，绿色建筑技术应用40余项，绿色建造与绿色施工成效显著。

4. 首次在软土地基400m级超高层中应用超长后注浆钻孔灌注桩工艺技术。通过钻机装备技术提升、人工造浆、除砂净化泥浆、正反循环泥浆工艺、双控桩底注浆技术方法的综合应用，解决了超大承载力桩基施工难题。

5. 首次在超高建筑工程中运用套铣接头新工艺的地下连续墙施工技术，实现了主楼121m圆形自立基坑顺作、裙房基坑逆作的高效分区施工，达到工期、经济、环保的最优目标。

6. 综合运用低水化热、低收缩混凝土裂缝控制技术，实现了高强C50、超长121m、超厚6m、体量6万m³大体积混凝土一次连续浇筑，创造了建筑工程超大体积混凝土一次连续浇筑国内外新纪录。

7. 综合运用性能指标协同控制的超高泵送混凝土技术，实现了C60混凝土实体泵送高度582m，C35混凝土实体泵送高度610m，验证性的将120MPa混凝土泵送至620m高度，创造了实体工程超高泵送混凝土高度国内外新纪录。

8. 建立了新型智能模块化整体钢平台模架技术体系。发明了基于液压动力系统的提升式工艺和顶升式工艺的爬升技术，模架装备实现了模块化标准件集成及智能化控制。

9. 创新采用了下降式悬浮空间平台技术方法。开发了支撑外幕墙的柔性悬挂钢结构下降式安装作业平台技术以及玻璃幕墙变形协调自适应滑移支座技术，解决了2万多块大小不一曲面玻璃幕墙的节点变形控制和精确安装难题。

10. 突破传统工艺方法，率先在工程建设全过程采用数字化建造技术，实现了从设计、施工、运维的数字仿真建造，超高层建造技术手段不断创新，提高了工效，解决了难题，丰富了现代工程管理内涵，成为典范示范工程。

三、获奖情况

1．2015年度德国全球房地产调查机构安波利斯（EMPORIS）"全球最佳摩天楼建筑"；

2．2016年度国际桥梁与结构工程协会（IABSE）"2016年度杰出结构奖"；

3．2016年度法国世界最大房地产展会"最具人气奖"；

4．2016年度世界高层建筑与都市人居学会（CTBUH）"2016世界最佳高层建筑奖"；

5．2015年度美国绿色建筑委员会（USGBC）绿色建筑LEED铂金级认证；

6．"新型内置液压动力模块化整体钢平台模架装备技术及应用"

获得2015年度国家技术发明二等奖；

7．"超高结构建造交替支撑液压驱动全封闭整体钢平台模架装备技术"获得2014年度上海市技术发明一等奖；

8．"超大型复杂环境软土深基坑工程创新技术及其应用"、"复杂软土地层中超深地下连续墙、钻孔灌注桩施工关键技术"分别获得2012年度、2014年度上海市科技进步一等奖；

9．2016年度中国建筑金属结构协会中国钢结构金奖；

10．2015年度上海市金属结构行业协会上海市建设工程金属结构（市优质工程）金钢奖特等奖。

黎明时分的上海中心大厦全景图

上海中心大厦局部侧面图

仰视角度的上海中心大厦侧面图

夜晚时分的上海中心大厦侧面图

宁波站

（推荐单位：中国铁道建筑总公司）

北立面全景

一、工程概况

宁波站为改建站，总建筑面积为202810m²，是国家"八纵八横"铁路客运专线上的一个大型综合交通枢纽，真正实现了铁路、公交、地铁、出租车、长途汽车等"零换乘"的设计理念。宁波站的建成开启了陆上丝绸之路的"新起点"。

工程桩基最大桩径2.5m、桩长84m。主体结构采用"预应力框架结构+大跨度钢梁钢屋盖"组合结构体系，雨篷采用"钢管混凝土柱+横向张弦梁+索撑"结构体系。轨道层、高架层均采用"劲性钢管混凝土柱+预应力钢筋混凝土框架"体系，预应力框架梁最大跨度为48m，截面为1.5m×3.6m和1.2m×4.2m；屋盖中央拱形钢梁跨度达66m，南、北正立面设有"水滴"状悬挑大桁架，悬挑达22m。

宁波站是国际上第一座既有线横穿施工现场但实现了一体化施工的火车站。其造型复杂，施工及技术难度大，面临一系列难题：既有线横穿施工现场、基坑需一体化施工、"水滴"及"船型"张弦梁结构复杂、雨篷跨线施工难等。设计和施工单位对此进行了深入研究，通过一系列创新，取得了显著的经济、社会和环保效益。

工程于2010年10月6日开工建设，2015年9月18日竣工，总投资32.16亿元。

二、科技创新与新技术应用

1. 宁波站造型新颖，设计独具一格，追求灵感，紧贴地域人文。整个建筑由一滴晶莹剔透的"水滴"幻化而来。"水滴"型超大跨度大悬挑空间桁架结构以及"船型"预应力张弦梁结构，均体现了建筑、结构以及力学的完美融合，在国内独一无二。

2. 首次在站房领域提出并采用跨越深基坑的"现浇梁板+钢格构柱"组合式铁路临时栈桥结构体系，为既有线运营及基坑整体开挖提供了技术支持，对大中型站房改扩建提供了经验借鉴。

3. 国际首次研发应用了上跨软土深基坑高速铁路临时栈桥技术，攻克了既有线上跨深基坑一体化开挖、高铁列车不降速安全通过等世界难题。技术创新应用达国际领先水平。

4. 创新采用了高架站房与地铁共建一体化结构沉降耦合控制技术和"环形钢牛腿+混凝土环梁+预应力"的复杂节点形式。

5. 针对受既有线影响下的沿海软土地区多紧邻超深基坑需同步开挖的重大难题，创新提出并采用了软土地质下多紧邻深基坑综合支护技术，有效地将"时空效应"原理融合到多紧邻软土深基坑土方开挖中。

6. 针对受既有线影响以及需跨线半幅施工的特点，创新研发了二级接替迭代张拉、单端双向张拉撑杆偏位控制技术，解决了"船型"雨篷施工中结构不均匀变形、应力多次重分布等难题，此外，拉索节点的优化大大简化了张拉工艺。该技术的成功运用提升了我国在铁路施工领域的领先地位。

7. 在超大跨度大悬挑"水滴"钢结构及幕墙施工过程中，考虑了温度效应以及"风-车-梁"耦合振动对安装和卸载作业精度控制的影响，并自主研发了三维多角度"五级调节构造体系"，形成了一整套双层双曲面异形钢结构及幕墙的安全高效施工技术。

8．创新并巧妙地将四段寻址灯具技术、空间染色、内透光等技术结合在一起，解决了曲面幕墙亮度、色彩自动切换及各角度镜面眩光的难题。

三、获奖情况

1．"正线运营铁路下国铁、地铁交通枢纽软土深基坑明挖施工综合技术"获得2014年度山西省科学技术二等奖；

2．"大型铁路客运枢纽综合施工技术研究"、"船型预应力拉索张弦梁结构雨篷施工技术"分别获得2012年度、2013年度中国铁道学会科学技术二等奖；

3．2015年度香港建筑师学会两岸四地建筑设计论坛及大奖运输及基础建设项目组卓越奖；

4．2015年度中华人民共和国教育部优秀建筑工程设计三等奖；

5．2013年度北京市优质工程评审委员会北京市结构长城杯金质奖工程；

6．2014年度北京市优质工程评审委员会北京市建筑长城杯金质奖工程；

7．2013年度中国建筑金属结构协会中国钢结构金奖。

北立面夜景

侧立面全景

全景轴侧

既有线横穿施工现场

流光溢彩的宁波站

全景轴侧

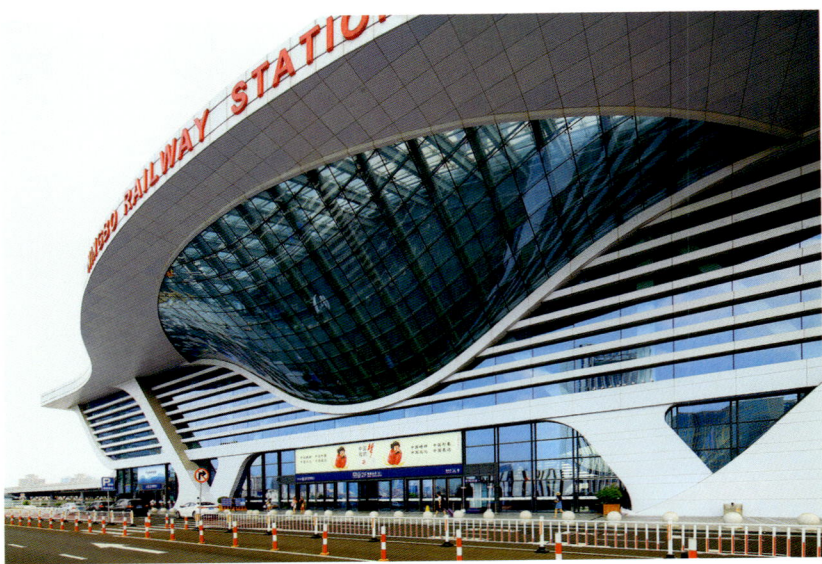

超大跨度大悬挑"水滴"玻璃幕墙侧视

"船型"预应力张弦梁雨篷

轨道层顶板清水混凝土

"水滴"泛光照明近景

候车大厅全景

候车大厅正视图

上海迪士尼度假区

（推荐单位：中国土木工程学会总工程师工作委员会）

一、工程概况

该工程位于上海浦东新区，面积1.13km²，工程造价138.3亿元，是全球第六个迪士尼主题乐园。

乐园工程体量大、工期紧，超大面积地基处理施工、材料应用要求高、钢结构设计复杂、游艺设备新颖、机电协调施工、生态水质控制要求严、BIM技术应用要求高。

乐园分为奇想花园、探险岛、宝藏湾、梦幻世界、明日世界五个游乐片区和BOH后勤区，为目前国内综合性最强主体乐园，富有活力、景观优美、交通便捷、服务多样化，成为低碳节能、绿色生态的典范。

工程于2011年2月开工建设，2016年5月竣工。乐园建成运营以来，接待游客超过1000万人次，得到社会各界高度评价与认可，取得显著的经济和社会环境效益，已成为上海新的经济增长点和国际化都市的一个重要标志。

二、科技创新与新技术应用

1. 创新形成复杂饰面立体化装饰技术和数字化主题抹灰工艺，显著提升了装饰效果的美观性、整体性和耐久性，且后期维护简单易行，解决了主题公园高品质表达主题性艺术的难题。

2. 大量采用了新材料、新技术和新工艺；建筑主体采用大块金属彩钢板；创激天幕采用ETFE彩印膜。其中ETFE彩印膜是国内首例跨度长达八十多米的三维扭曲气枕，创下单个气枕跨度之最。

3. 创新采用艺术创作仿自然环境设计方案。探险岛及宝藏湾片区内设的超大型可变舞台剧场，世界上最长的单次单循环漂流道，高精度仿真建造的假山等仿自然环境的设计营造了建筑与自然环境的高度融合氛围。

4. 形成了适应美方标准的土壤及地下水治理及修复技术，根据迪士尼场地重金属超标等情况，通过实验及现场确定了适合于该类污染土壤的修复技术；形成了适合上海迪士尼生态绿化大规模建设生产的种植土配方，建立了国内首条种植土自动化生产流水线，并用容器苗"生产"百年大树，大幅提高了园林景观绿化施工效率。

5. 创新采用复杂空间异型钢结构设计技术和无缝焊接涂装施工技术，解决了假山钢支架薄壳高精度异元化施工难题。

6. 创新研发并应用了具有自主知识产权的主题包装雕刻砂浆、可雕塑环氧树脂等园区材料，打破了主题公园领域雕刻砂浆和环氧树脂长期被国外品牌垄断的局面。

7. 率先在乐园配套酒店中应用了完整、先进的智能型EMS管理系统，实现了对建筑物内空调器、风机、水泵等运行能耗的动态监测控制，达到了综合能耗性能最优。

8. 研发了迪士尼乐园生态水循环建设技术。利用协同设计、蓄洪、LID技术实现了区域防洪统筹设计；以取水与蓄水、水厂进水水量为依据，确定调蓄池最佳容积；确定湖泊水体生化、物化处理工艺

奇幻童话城堡全景

在低温等复杂不利条件下水质稳定的工况参数及药剂参配；建立了水生植物、动物及微生物细菌等完善的生态链；解决了大型园区绿色生态建设难题。

9．综合运用了数字建造技术，率先研发了绿色虚拟仿真建造技术、基于BIM的工程项目协同平台、无纸化协同管理平台等数字建造成套技术，实现了绿色建造全过程的三维可视化管理、实时监测与评估和智能化控制，使我国数字建造技术的综合应用水平达到一个新的高度。

三、获奖情况

1．2016年度世界主题娱乐协会（TEA）杰出成就-景点奖；

2．"迪士尼工程绿色建设关键技术研究与集成示范"获得2016年度上海市科技进步二等奖、上海土木工程科技进步一等奖；

3．2017年度上海市勘察设计行业协会上海市优秀设计工程；

4．2015～2016年度上海市建筑施工行业协会上海市建设工程"白玉兰"奖；

5．2015年度中国建筑金属结构协会中国钢结构金奖。

宝藏湾

探险岛雷鸣山瀑布全景

创极光轮天幕过山车

明日世界夜景

迪士尼园林景观图

上海交响乐团音乐厅

（推荐单位：上海市土木工程学会）

上海交响乐团迁建工程俯视图

一、工程概况

上海交响乐团音乐厅是我国首个采用整体悬浮的、真正意义上"建筑设计与建筑声学设计同步"的交响乐专用高水准音乐厅，总建筑面积19950m²，其中地下室建筑面积为14676m²。该工程位于市中心，且紧邻地铁10号线，周边存在较大的环境噪声及地铁振动，隔声、隔振难度很大，为了达到最高水准的音质效果，在设计、施工方面采用了一系列创新技术，实现了建筑造型、声学效果、结构体系的完美融合。

整个建筑创新采用半嵌套式全浮筑、双层中空外壳隔声混凝土结构，突破了传统结构隔声对建筑声学的限制，采用双层中空结构和隔振弹簧系统相结合的方式，建立了一套全新的隔声、隔振结构体系，通过技术创新解决了音乐厅建筑在结构隔声、机电系统消声、建筑声学等方面的许多共性难题。底板弹簧隔振系统的隔振效果达到90%以上，各个环节的音效控制达到NC-15（世界级）的最高专业级水准，满足了极高品质音乐厅对声学及隔振效果的苛刻要求，填补了国内全浮筑双层中空外壳隔声混凝土结构建筑的空白。

本工程代表当今世界最专业级水准音乐厅的最高建设水平，先后荣获中国施工企业协会科学技术一等奖、上海市科技进步奖二等奖、上海市优秀发明选拔赛优秀发明金奖等各类奖项10余项，国家授权发明专利8项、实用新型专利8项，获国家级工法2项、上海市级工法2项，出版专著1部、编写地方标准1部等，科研成果经专家鉴定和科技查新均达到国际先进水平。

工程于2009年10月20日开工建设，2014年5月26日竣工，总投资3.888亿元。

二、科技创新与新技术应用

1. 首创半嵌套式全浮筑双层中空外壳隔声混凝土结构及其设计分析方法。突破了传统结构隔声隔振的极限，形成了以基础弹簧隔振系统和大空间中空外壳为主要特征的新型结构体系，建立了相应的设计分析和性能评估方法，并形成了基于参数化几何模型和多参数优化技术的马鞍形双层中空屋面优化设计方法，以及嵌套结构底盘的超长大开洞楼板和大悬臂地下室外墙设计分析方法。

2. 创新研发了全浮筑双层中空外壳隔声混凝土结构的施工技术。形成了基于高精度控制方法的底板弹簧隔振系统安装技术；创新设计了连杆传动可收合模板体系，实现了中空墙体模板体系的整体脱模和

提升，解决了狭小空腔内无操作空间的技术难题，同时避免了残留模板产生声桥的工程难题；基于BIM技术解决了超高、大跨的双曲面中空混凝土屋面结构施工难题。

3. 形成了排演厅内部声学分析和卓越声效营造技术。基于数值模拟技术和实物仿真模型声学测试技术，通过对舞台及观众席的反射音与室内空间形态的关系进行分析和设计，采用反声、吸声、内部形态优化等技术手段，确保演播厅每一处都能达到"沉浸式"的声乐

效果；创新采用可调节反声板、斜置不规则反射墙面、阻尼型吸声座椅以及舞台地板共鸣等独特声学处理技术，共同营造出音乐厅的完美音效。

4．建立了机电系统的消声降噪技术体系。在对噪声源进行系统分析和试验研究的基础上，通过对传统的机电系统进行技术创新，最终形成了机电设备隔振技术、风道系统盘绕消声技术、与结构的柔性连接技术、阶梯风口低速送风技术等系统化的隔声降噪技术体系。

三、获奖情况

1．"全浮筑双层中空外壳隔声结构高水准音乐厅关键技术研究与应用"获得2016年度上海市科技进步二等奖；

2．2015年度上海市勘察设计行业协会优秀工程设计一等奖、建筑电气与智能化专业一等奖、结构专业一等奖、暖通专业一等奖；

3．2015年度上海市金属结构行业协会上海市建设工程金属结构金钢奖设计奖。

上海交响乐团迁建工程正立面

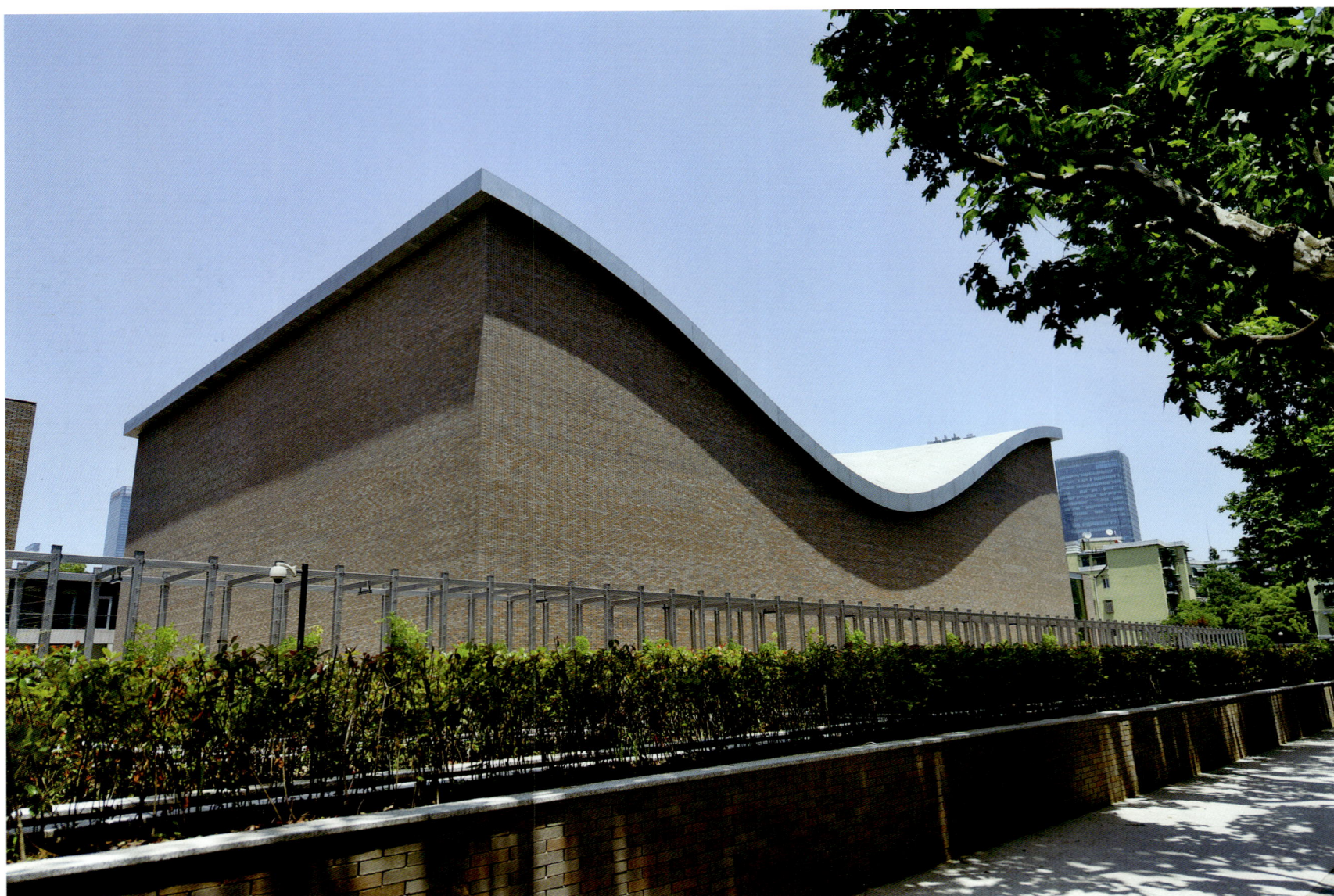

背立面

演奏大厅

排练大厅

南京牛首山文化旅游区
佛顶宫工程

（推荐单位：中国建筑工程总公司）

一、工程概况

南京牛首山文化旅游区佛顶宫工程，位于牛首山顶由采矿形成的150m废弃矿坑内，总建筑面积13.6万m²，作为佛顶骨舍利的永久供奉地点，是一个集文化、旅游、宗教、建筑等元素于一体的大型现代宗教建筑项目及世界佛教圣地。

工程地质条件复杂，80m深坑施工组织难度超大，宗教文化建筑独具特色、结构复杂、超高、大跨，废弃矿坑灾害治理与生态修复施工、大跨异型曲面铝合金结构安装、莲花旋转宗教剧场舞台安装、重型钢结构树状柱施工、传统工艺与现代技术相结合的宗教艺术装饰、艺术幕墙施工等难度大，要求高。

项目积极开展技术研发与创新，并通过了中建总公司科技示范工程验收和江苏省建筑业新技术应用示范工程验收，应用新技术达到国内领先水平。工程科技创新成果丰硕，经鉴定，整体达到国际领先水平。

工程交付使用以来，成功举办了佛顶骨舍利世界安奉大会，中英国际文化交流峰会等，累计接待游客600万人次，在国内外产生了广泛影响，受到高度好评与认可，被誉为"世界佛教文化新遗产、当代艺术建筑新景观"，取得显著的经济和社会效益。

工程于2012年12月24日开工建设，2015年8月10日竣工，总投资42.45亿元。

二、科技创新与新技术应用

1. 针对150m废弃矿坑超高边坡治理，研发了废弃矿坑超高边坡锚索和抗滑桩协同工作的抗滑体系与施工方法，骨架造型+塑石雕刻、喷涂+景观覆盖的生态覆绿技术，解决了矿坑内百米超高边坡加固及地形地貌恢复、景观营造与覆绿施工的难题。

2. 针对250m异型曲面铝合金屋盖结构施工，首次提出铝合金结构曲面滑移安装新方法，研发了铝合金网壳曲面滑移技术及支撑体系、万向轴承连接件、滑移支座等装置，实现了铝合金结构高效、绿色施工，解决了超大型铝合金结构高空精准安装难题。

3. 针对130m双曲面屋盖系统施工，研发了双曲面拉索式树状镂空天花铝板结构制作及施工方法，研制出吊装用连接件、吊顶用连接装置及管线安装用支架结构等，解决了空间双曲面异型镂空铝板安装难题。

4. 针对宗教建筑复杂艺术装饰精密建造，对3D打印、BIM、三维扫描等技术与异形面石材雕刻、三维五轴雕刻、异形嵌入式石材拼花工艺等进行集成创新，研发了异形空间双曲面石材"模块化制作与安装方法"，实现了传统工艺技术与数字化智慧建造技术的完美结合。

5. 针对38m莲花旋转升降舞台造型复杂、制作安装精度高，研发了超大直径（38m）舞台环吊装置、自动升降的莲花型舞台安装施工方法，解决莲花舞台设备安装精度的难题。

6. 项目施工全过程全面应用BIM技术，提升了项目管理及生产效率，节约了管理及生产成本，提高了施工总承包管理水平。

南京牛首山文化旅游区佛顶宫全景一

三、获奖情况

1. 2015年度上海市勘察设计行业协会上海市优秀工程勘察一等
奖、上海市优秀设计工程；

2. 2016年度江苏省住房和城乡建设厅江苏省"扬子杯"优质工
程奖；

3. 2016年度中国建筑金属结构协会中国钢结构金奖。

南京牛首山文化旅游区佛顶宫全景二

南京牛首山文化旅游区佛顶宫全景（俯瞰图）

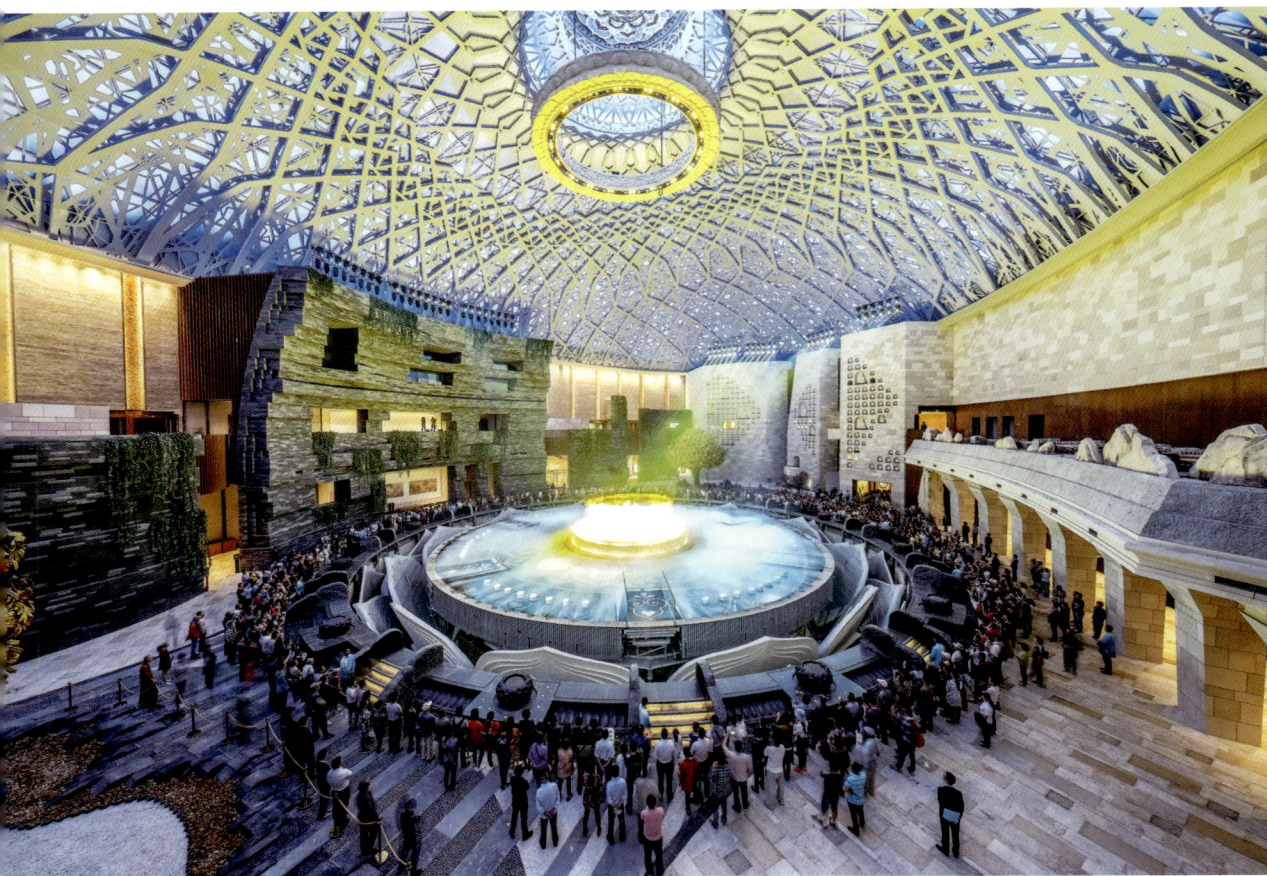

南京牛首山文化旅游区佛顶宫禅境大观

南京牛首山文化旅游区佛顶宫舍利大殿

南京牛首山文化旅游区佛顶宫广场净池与外立面

南京牛首山文化旅游区佛顶宫舍利藏宫

重庆国际博览中心

（推荐单位：重庆市土木建筑学会）

一、工程概况

重庆国际博览中心位于国家级改革开放新区——两江新区，为特大型会展类建筑，总建筑面积60万m^2。该工程屋盖面积54万m^2，为全覆盖铝合金屋盖，形似蝴蝶，为世界上单体用铝量最大（1万t）的建筑。

该项目建于复杂台地上，建筑造型依山就势，体现了重庆特有的山地建筑特色。特大型多曲面蝴蝶状屋盖，既塑造了雄起延绵的山峦形象，又似展翅欲飞的蝴蝶，为国内首个与山地环境和谐共生的"双仿生"建筑。

工程于2011年3月15日开工建设，2014年8月28日竣工，总投资61亿元。

二、科技创新与新技术应用

1. 针对世界最大面积的铝合金格栅屋盖，通过合理设置温度缝及单双向铰支座等技术措施，在保证建筑造型的同时，减小了温度效应、保证了结构安全、降低了工程造价。

2. 为解决铝合金屋盖与下部钢结构多种复杂连接的技术难题，通过数值模拟分析及试验研究，首创性地提出了以弯剪受力为主的板式节点的设计技术，在工程中进行了应用，经济效益显著。

3. 该工程地下综合管廊线形复杂，结构超长，总长10km，结构单元最长150m，通过设置诱导缝等技术，解决了防裂的技术难题，并获得了发明专利，形成了国家级工法。

4. 针对超大面积混凝土无缝地面，综合采用多种施工技术，解决了大面积混凝土易开裂的施工难题，其技术成果纳入了《超大面积混凝土地面无缝施工技术规范》GB/T 51025-2016。

5. 发明并采用了"超深抛填未固结土体大直径旋挖桩施工技术"，解决了此类地质条件下桩基成孔的难题，获得了发明专利。

6. 结合工程特点形成了企业标准《大型复杂曲面铝合金格栅结构施工质量验收标准》，为该类工程的验收提供了有力依据；并研发了《空间扭转实体专用详图绘制软件》，解决了该类工程深化设计的难题。

7. 选用自带压缩机的水冷式直膨型空调机组，采用制冷剂与空气直接换热。结合合理的气流组织形式，辅助电动天窗自然通风，确保了炎热夏季展厅使用的舒适性，节能环保效果显著。

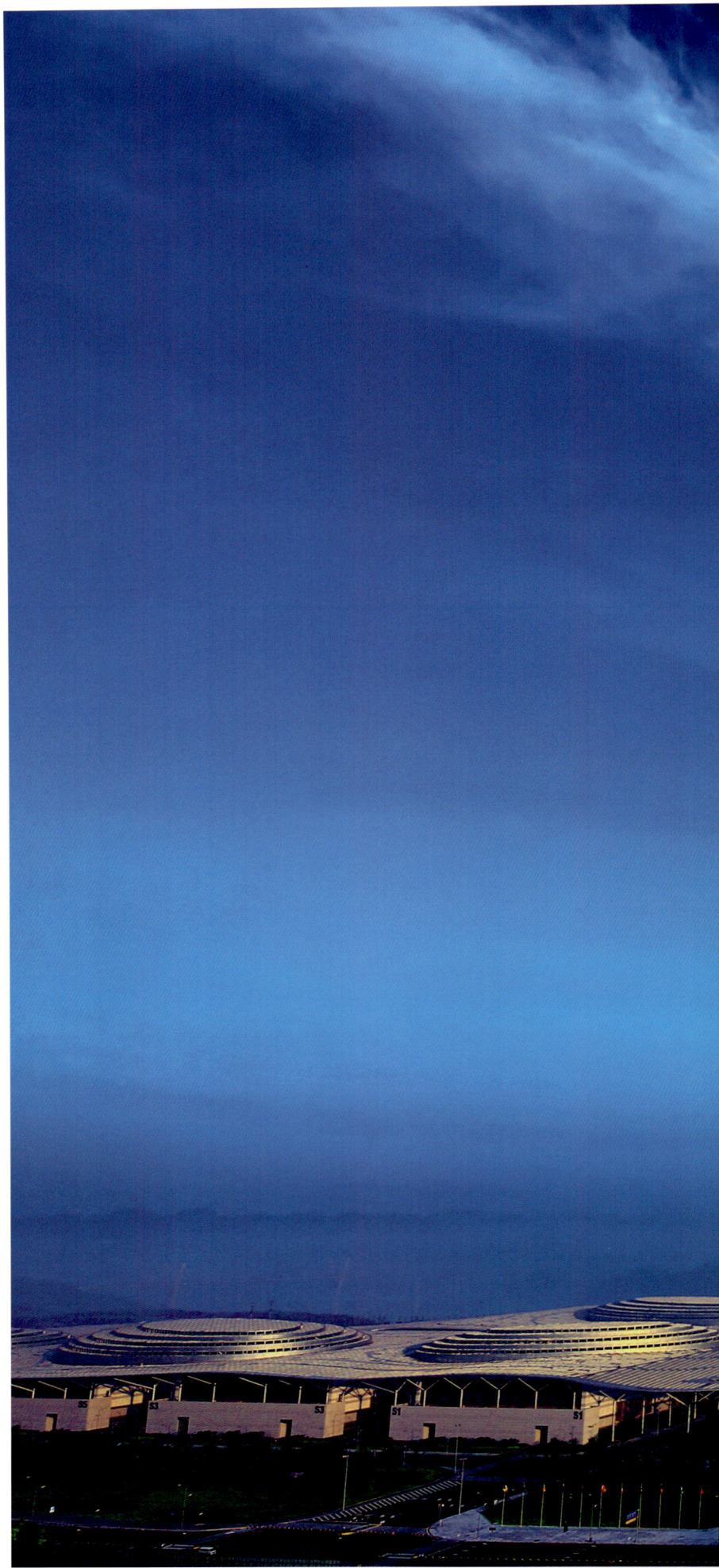

夜幕降临下的重庆国际博览中心

三、获奖情况

1. "超大面积混凝土地面无缝施工技术研究"获得2016年度湖南省科学技术进步三等奖；

2. 2014～2015年度中国建筑业协会中国建设工程鲁班奖；

3. 2013年度重庆市建筑业协会重庆市巴渝杯优质工程奖；

4. 2012年度重庆市建设工程质量协会重庆市三峡杯优质结构工程奖；

5. 2014年度中国建筑金属结构协会中国钢结构金奖。

重庆国际博览中心全景

重庆国际博览中心展馆一角

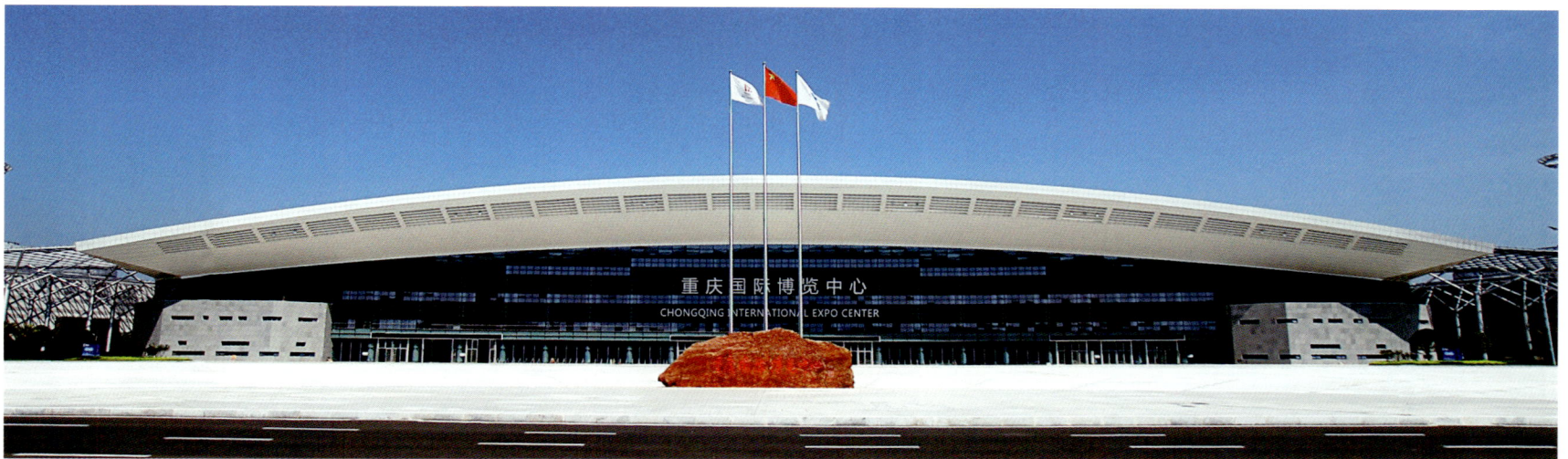

重庆国际博览中心主入口

重庆国际博览中心夜景

宜兴市文化中心

(推荐单位：北京市建筑业联合会)

一、工程概况

宜兴市文化中心位于江苏省宜兴市东氿湖畔，是宜兴在"产业、城市、生态、文化"四位一体发展战略下的民生工程，是一组集歌剧影视演艺、音乐赏析、图书阅览、文物展陈、科技教育、办公会议等多功能于一体的集群式绿色文化建筑。该工程总建筑面积19.24万m²，由大剧院、科技馆、博物馆及美术馆、图书馆4个单体和S形滨水商业组成。

四栋建筑外形出自同一母体，体量均衡，整体上协调统一，但建筑设计立意和空间构成各不相同，以弧形、异形、不规则构件和大跨度、大空间结构体系为主。装饰装修多运用当地传统的陶、竹等材料，既融入当地文化元素，又体现了不同建筑各自的特征。

承载着"科技兴市、文化强市"的宜兴市文化中心，投入使用以来，各项设施运行良好，成功举办了200多场文艺演出、50余项民俗艺术展、100多次公益讲座及活动，已成为宜兴市民的"城市会客厅"。

工程于2011年6月29日开工建设，2015年9月28日竣工，总投资16.21亿元。

二、科技创新与新技术应用

1. 整体布局以"东氿之花"为设计理念，四馆呈现花瓣造型，加之曲线型的布设形式，营造出由动至静、高低错落的氛围，在喧嚣城市与东氿湖滨之间形成了层层推进、层层渗透的空间，完美诠释了湖滨建筑柔美的艺术形态。

2. 各馆不同立面处理手法体现了不同的寓意，演绎了宜兴市从古至今不断发展的特色文化。契合绿色建筑理念，采用多达31项绿色建筑技术，绿化率40%，节能率66.08%，获得三星级绿色建筑设计标识。

3. 大剧院共享大厅创新采用特别不规则大跨度哑铃形钢结构桁架屋盖体系，采用多软件建模对比分析，铰接构件足尺实验等确定构件具体参数，从而保证该体系安全可靠，并有效减小了桁架高跨比，实现了共享大厅大开间、长进深、高挑空的视觉效果。

4. 大剧院入口处单层竖向拉索幕墙依附于摇摆柱上的箱型曲梁，并与大跨度屋盖梁等构件协同受力。施工前利用仿真模型和有限元分析研究拉索幕墙和结构主体之间的协同工作机理，施工中采用位移监测、应力监测等手段获得结构体系变形、索力变化数据，并与仿真分析数据对比分析，全方位了解拉索张拉过程对整个结构体系的影响，

保证了该拉索结构的质量安全，是国内首次对该种复杂幕墙结构施工过程受力机理进行的探究，经鉴定该技术达到国际先进水平。

5. 公共区域近万平米GRG复杂曲面装饰板块工厂模块化加工，现场运用三维测量、激光扫描和两次静止平衡含水率技术实现室内异形面板精确定位，曲面顺滑、无裂缝。

6. 首次开发基于BIM技术的建筑装饰精细化设计单元和综合管道支吊架设计单元，实现了装饰面层和管道支吊架深化设计的可视化、数字化，填补了BIM技术在装饰领域上的应用短板及综合支吊架设计与施工之间的空白。

工程全景

三、获奖情况

1. 2016年度上海市勘察行业协会上海市优秀设计工程奖；

2. 2016年度中国建筑业协会中国建设工程鲁班奖；

3. 2016年度江苏省建筑行业协会江苏省"扬子杯"优质工程奖；

4. 2014年度中国建筑金属结构协会中国钢结构金奖。

大剧院西立面

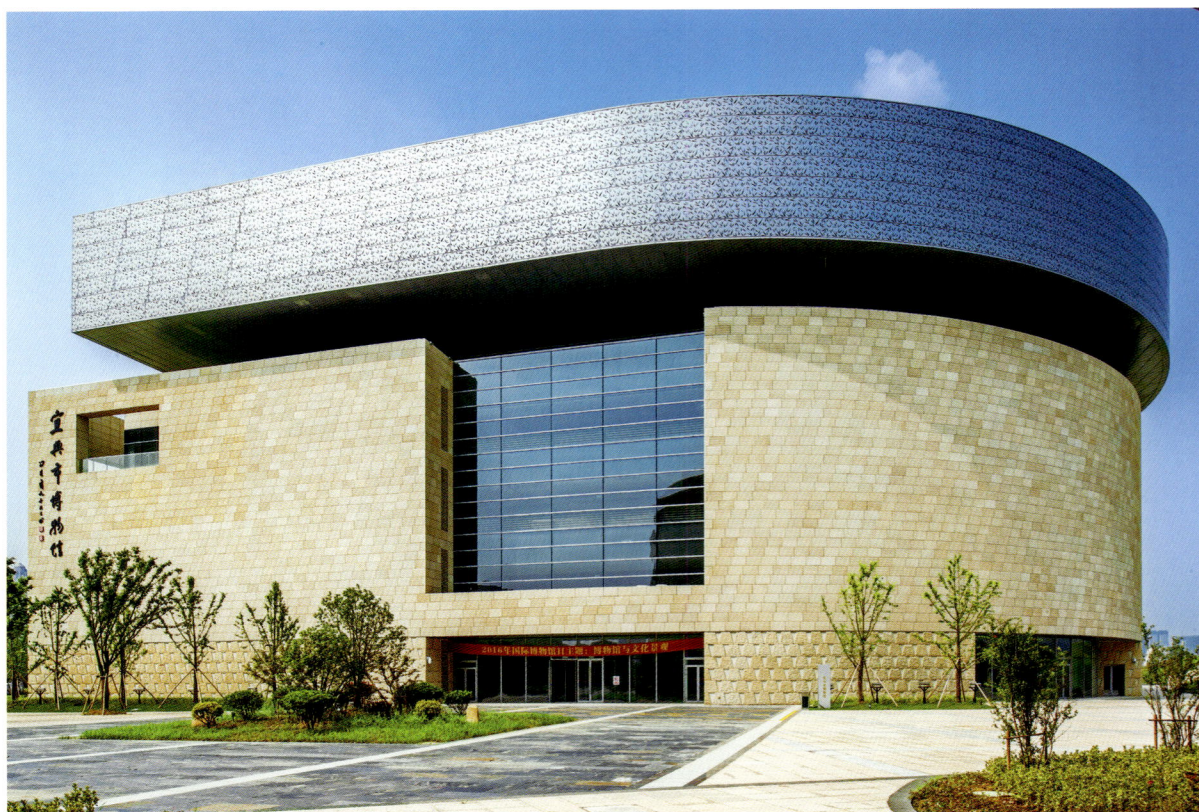

博物馆东南立面

图书馆西立面

科技馆西南立面

大剧院东立面

大剧院不规则大跨度哑铃形钢结构桁架屋盖

图书馆生态中庭曲面GRG装饰

西北立面俯瞰夜景

大剧院马蹄形观众席复杂GRG装饰

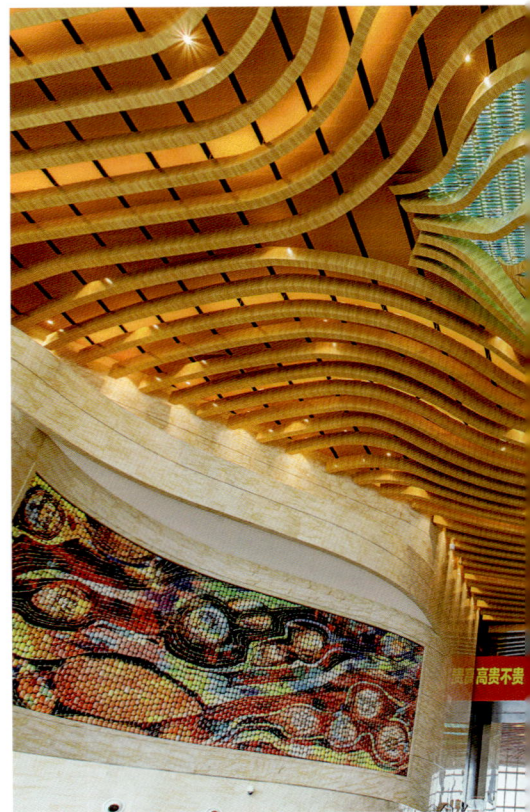

大剧院共享大厅曲面铝方通及曲面石材装饰

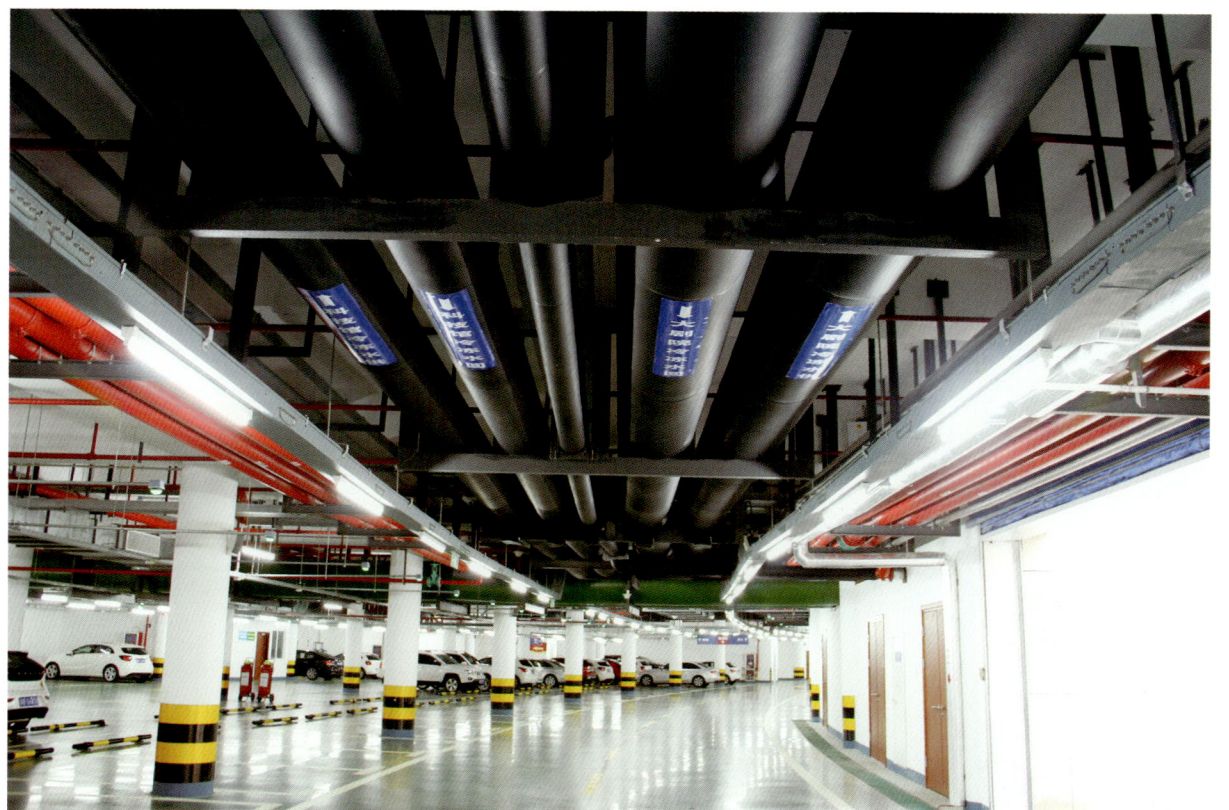

地下车库弧形管道支吊架

鄂尔多斯市东胜区全民健身活动中心体育场

（推荐单位：内蒙古自治区建筑业协会）

一、工程概况

鄂尔多斯市东胜区全民健身活动中心体育场位于鄂尔多斯市铁西区，总建筑面积10.05万㎡，地上三层，建筑结合内蒙古草原弓箭造型，钢拉索又似琴弦，充分体现了蒙古民族刚柔并济的特质。

体育场巨拱结构巧妙的采用钢管拱桥的设计理念，通过钢索将屋盖大部分重力荷载传给大拱，使大跨度屋盖桁架高度大大降低，水平荷载则由下部刚度较大的混凝土看台结构承担。屋盖投影呈椭圆形，长轴268m，短轴220m，巨拱高度129m，跨度330m，与地面垂线倾斜6.1°，46根长短不一的拉索，采取分段张拉方案，实现了整体受力平衡。开合屋盖10076.2㎡，为国内规模最大的开闭顶，设观众席5万座。体育场幕墙外倾28°，12500块异形人造石材规格各异，在不同时段、不同光照下呈现不同的立面效果。该体育场拥有目前国内规模最大的开闭顶，是一座集体育竞赛、全民健身、休闲娱乐于一体的综合性建筑。

工程投入使用以来，历经全国两个文明现场会、第十届全国少数民族运动会、张学友演唱会、世界小姐决赛等大型赛事和演出，各项使用功能齐全，为广大市民提供了一个风雨无阻的健身、休闲的活动场所，得到了社会各界的高度评价与认可，取得了显著的经济和社会效益。

工程于2009年3月10日开工建设，2011年8月30日竣工，总投资14.4亿元。

鄂尔多斯市东胜区全民健身活动中心体育场鸟瞰全景

二、科技创新与新技术应用

1. 工程施工中大量使用了钢结构、白色冰裂纹异形再造石挂板、预制看台板等装配式构件，使得施工劳动环境有了大幅度改善、降低了劳动强度，装配率达到了38.2%。

2. 巧妙利用钢管拱桥的设计理念，通过钢索将屋盖大部分荷载传给巨拱，极大提高了固定屋盖主桁架的刚度，充分满足活动屋盖运行对轨道变形的要求，结构体系新颖、合理。

3. 采用两点液压累积提升技术，利用提升器进行调节，在高空中成功完成了巨拱偏转与精确对接合拢，圆满实现了巨拱与地面垂线夹角6.1°的姿态要求。

4. 根据本工程的特点，钢索张拉时以索力控制为主，同时兼顾索端节点的竖向位移以及巨拱的面外变形，分阶段、分批对称张拉，并在施工过程中对索力、关键构件应力和巨拱空间姿态进行实时监测。

5. 提出采用钢丝绳牵引较远一侧活动屋盖的创新驱动方式，是对活动屋盖驱动系统的重大改进。研发的自适应调节台车，具有三向转动和横向滑动变形调节功能。首次采用的定向恒温轨道系统，实现了活动屋盖在冰雪季节的正常开闭。

6. 采用三维建模软件CATIA进行复杂节点建模，进行精细的有限元分析。在受力集中部位采用超厚锻钢管，实现了结构受力与建筑效果的和谐统一。

7. 通过在场内多个区域设置单元式吸声体，有效解决了屋盖在全闭状态混响时间过长的难题，保证了体育比赛、文艺演出时优良的音响效果。

三、获奖情况

1. "预应力整体张拉结构关键技术创新与应用"获得2015年度国家科学技术进步二等奖；

2. "开合屋盖结构关键技术研究与应用"获得2014年度北京市科学技术三等奖、2013年度"中国城市规划设计研究院CAUPD杯"华夏建设科学技术一等奖；

3. "大跨度超高拱形结构提升施工关键技术"获得2014年度浙江省技术发明奖三等奖；

4. "大跨度超高拱形结构提升施工关键技术的研究与应用"获得2012年度浙江省住房和城乡建设厅科学技术委员会浙江省建设科学技术一等奖；

5. 2013年度北京市规划委员会北京市第十七届优秀工程设计建筑结构专项一等奖、优秀工程设计"公共建筑"一等奖；

6. 2013年度中国勘察设计协会优秀工程勘察设计奖（建筑结构专业）一等奖、优秀工程勘察设计奖（建筑工程公建）二等奖；

7. 2011年度中国建筑学会第七届全国优秀建筑结构设计一等奖；

8. 2011年度内蒙古自治区住房和城乡建设厅内蒙古自治区"草原杯"工程质量奖；

9. 2012～2013年度中国建筑业协会中国建设工程鲁班奖；

10. 2010年度中国建筑金属结构协会中国钢结构金奖。

东立面及万块异形人造石远景

空间吸声体与屋盖闭合状态

屋盖开启状态

椭圆外倾建筑异形外挂人造石板材幕墙

巨拱及拉索图

体育场全景

体育场街景一角

新建杭州东站扩建工程 站房及相关工程

（推荐单位：浙江省土木建筑学会）

一、工程概况

新建杭州东站扩建工程东站站房及相关工程位于杭州市江干区，站房建筑共三层，地下一层，地上二层，分别为出站层、站台层和高架层。站房主体最高点距地面39.9m，总建筑面积155569m²。

站房设15台30线，股道规模居全国第二，站房主体采用桥建合一多形式的混合结构，站台层正线桥采用五跨刚构——连续梁桥，其他采用型钢混凝土纵横梁格+型钢混凝土柱；高架层采用双向正交正放钢桁架+钢管柱+压型钢板混凝土组合楼板；高架夹层采用异形截面实腹钢梁+变椭圆截面梭形斜柱+压型钢板混凝组合楼板；屋盖采用双向正交正放单向曲面钢管立体桁架+曲面拟合格构式钢管斜柱、变椭圆截面椎管斜柱。

工程于2009年9月26日开工建设，2013年6月30日竣工，总投资28亿元。

二、科技创新与新技术应用

本工程以国家科技奖为目标，高起点开展科研攻关，为工程质量提供有效支撑。推广应用"建设部十项新技术"中10大项，28小项。并针对工程特点形成创新技术13项，获省级工法3项，专利15项，通过建设部科技示范工程验收，被评为国内领先水平。

1. 临近既有铁路线基坑围护施工，由于受多种因素的制约，结合现场工程实际，因地制宜选用多种支护形式相结合的围护方案，提高施工效率，节约成本，确保临近既有线基坑安全。

2. 钢结构与大型设备计算机控制整体顶升与提升安装施工技术，本工程中屋面结构平面布置主次分明，适宜采用提升工艺。屋面桁架结构提升单元中，南北向天窗提升单元的单重最大，约为700t。

3. 首创异形金属板外表皮工艺，工程外立面的17个双曲面异性柱是站房效果体现的重中之重。对于该技术难题，项目部在业主和设计单位的支持帮助下，在开工后就进行了专题研究，先后制作多种材质的实体小样，最终选定采用不锈钢材质，并制作了实体样板，经一年时间的观察检测，确定了该工艺的可实施性。最终使得门柱外表皮成为一个异型曲面整体，外形美观，造型首创。

4. 结构安全性监测（控）技术，本工程钢管格构式斜柱各类连接节点均十分复杂。项目部委托浙江大学空间结构实验室对设计选定的复杂节点进行加载试验。验证了施工工艺和设计计算。对站房结构受力最为复杂区域结构还进行1：200的缩尺模型实验，并对站房主

站房全景

体结构进行了施工全过程与后期运营期间的健康监测。

5. 在节能环保方面，本工程屋面建设世界上最大的太阳能光伏电（10MW以上），年发电量可达1000万kWh。可节约3200t标准煤，减少8100t二氧化碳的排放。

三、获奖情况

1. 2017年度亚洲建筑师协会适宜特殊公共建筑荣誉提名奖；

2. 2015年度香港建筑师学会两岸四地建筑设计论坛及大奖运输及基础建设项目组卓越奖；

3. "'桥建合一'高铁车站振动舒适度关键技术与应用"获得2013年度湖北省科技进步一等奖；

4．2015年度中国勘察设计协会全国优秀工程勘察设计行业一等奖；

5．2014～2015年度中国建筑业协会中国建设工程鲁班奖；

6．2014年度浙江省住房和城乡建设厅、浙江省建筑业行业协会、浙江省工程建设质量管理协会浙江省建设工程钱江杯奖；

7．2013年度中国建筑金属结构协会中国钢结构金奖。

站房正立面

外立面幕墙与斜柱

夜景

屋面光伏太阳能

马鞍山长江公路大桥

（推荐单位：交通运输部）

一、工程概况

马鞍山长江公路大桥路线全长约36.274km。其中跨江主体工程长11.209km，南岸接线长19.320km，北岸接线长5.745km。

左汊主桥采用三塔两跨悬索桥，结构成对称布置，主梁跨径为：2×1080m，主缆分跨布置为：（360＋1080＋1080＋360）m=2880m。采用两跨连续体系，主梁与中塔柱及下横梁采用塔梁固结体系，中塔为钢-混凝土叠合塔，门式结构。其中下塔柱为预应力混凝土结构，上塔柱、塔顶装饰及上、下横梁为钢结构。塔高175.8m。桥塔整体采用了古朴素雅的门式主塔，在横梁的设计中，萃取徽派文化符号，设计了具有徽派特色的牌坊式造型。右汊主桥采用"A"型索塔，"A"和左汊主桥"H"型索塔呼应，与安徽的汉语拼音首字母"A-H"一致，暗含着本桥所处的特殊地理位置。

右汊主桥跨径布置为（38＋82＋2×260＋82＋38）m，全长760m，为三塔六跨的双索面半漂浮体系斜拉桥。顺桥向为三个不等高的拱形主塔，中塔总高106m，桥面以上高76m，边塔总高为88m，桥面以上高61m。

工程于2008年12月28日开工建设，2016年7月6日建成通车，工程投资约62.8亿元。

二、科技创新与新技术应用

1. 建立了基于突变理论的方法进行桥型比选论证，既满足了复杂水文地质条件下的通航要求，又改善了已有的区域景观。

2. 采用非漂移结构体系与钢-混叠合中塔，提高了中塔顶鞍槽内主缆的抗滑稳定安全系数，解决了三塔悬索桥中塔顶鞍槽内主缆抗滑稳定不足的问题，保证大桥体系稳定、受力安全。

3. 进行了三塔连跨悬索桥施工技术的系列研究，研究成果包括：考虑精确制造以及平衡吊装的钢箱梁吊装新技术、遥控飞艇架设技术、悬索桥索股双缠包带与新型拽拉器防扭转法架设施工工法、超高钢筋混凝土索塔环缝切割与梯度养护施工工法、拱形钢筋混凝土塔柱变曲率模板施工工法、钢混叠合塔塔柱施工工法等，加快了施工进度，保证了施工质量，提高了施工精度。

4. 采用了基于建管养一体化模式的钢桥面铺装成套技术，钢桥面铺装面积7.2万m²，已通车三年多时间，钢桥面铺装层质量良好，技术与经济优势显著。

全景

三、获奖情况

1. 2016年度国际桥梁大会（IBC）乔治理查德森奖；

2. "马鞍山三塔缆索承重桥成套技术研究"获得2015年度安徽省科学技术一等奖、中国公路学会科学技术特等奖；

3. "马鞍山长江公路大桥施工安全控制与管理成套技术研究"获得2014年度中国公路学会科学技术一等奖；

4．"拱形塔施工工艺和模型实施研究"、"马鞍山长江公路大桥
基于建管养一体化模式的钢桥面铺装成套技术"分别获得2015年度、
2016年度中国公路学会科学技术二等奖；

5．2016年度中国建筑业协会中国建设工程鲁班奖。

左汊悬索桥夜景

左汊悬索桥

左汊悬索桥桥塔

左汉悬索桥中塔施工

右汉斜拉桥全景

右汊斜拉桥

马来西亚槟城第二跨海大桥

（推荐单位：中国交通建设集团有限公司）

一、工程概况

马来西亚槟城第二跨海大桥是中马两国政府间合作的攻府框架项目，主桥为117.5m+240m+117.5m三跨双塔斜拉桥。该项目为目前中国企业在境外实施的最长跨海桥梁工程，也是东南亚最长的跨海桥梁，项目完全采用英国标准和欧洲标准设计，建设规模巨大。

该工程具有如下突出特点：1．建设管理要求严格：管理环境复杂，质量控制和管理模式须符合国际工程惯例。2．设计标准和要求高：严格执行英国标准和欧盟标准，对精细化设计程度要求高，需满足承包商利益诉求和业主对质量的要求。3．国内成熟建设经验难以适用：海上工程规模大，大部分水域水位浅，与国内同类桥梁比差异大。4．结构耐久性和抗风险等级高：桥梁设计使用年限为120年，工程处于高温、高湿、高盐的特殊地理环境，对工程结构的耐久性有严格的要求；项目按照欧标和AASHTO的最高标准对地震、海啸和船撞力进行评估。5．桥梁景观要求较高：槟城为知名旅游目的地，大桥设计需更高建筑品味。6．客观因素限制多：对于中国公司而言，起步阶段基础资料少，建设审批程序、工作习惯和语言方面也是挑战。

工程于2008年11月8日开工建设，2013年9月15日竣工，工程投资44.16亿元。

二、科技创新与新技术应用

1．总体设计功能性和景观效果突出，充分反映当地人文特色。

2．实现混凝土主梁结构的创新设计，结构性能最大限度发挥。

3．对影响大桥安全的灾害风险进行了系统评估，全面提升大桥耐久性和抗风险能力。

4．主桥钻孔桩基础施工平台利用桩基钢护筒作为承重桩，平台面层结构同时作为防撞套箱底板，节约了施工材料并减少施工周期。

5．在工程施工中应用了钢护筒移动式悬臂导向架施工技术、钢套箱下放安装吊放系统、短线匹配预制骨架及预安装索鞍系统、挂篮安装提升系统、25t液压锤施沉混凝土管桩技术等新工艺，取得了良好的效果，提高了工程质量。

6．针对项目主梁施工特点，开发设计了反吊三角托架挂篮这一专利设备，优质高效地完成了斜拉桥主梁的施工；引入国际知名咨询公司进行主梁施工监控，确保主桥合拢精准对接。

7．引桥采用高阻尼橡胶支座，大大降低了地震作用，使得5168根预应力混凝土管桩成功应用，大幅节约了工程造价。

8．摸索出预应力混凝土管桩的设计、制作及打桩停锤标准，确保该桩型成功应用于跨海桥梁。

9．在工程桩上采用静动法试验验证了桩基的承载力，大幅节约了试验设备投入及试验周期。

桥梁全景

三、获奖情况

1. 2015年度英国土木工程师协会（ICE）布鲁内尔奖；

2. 2016年度中国建筑业协会中国建设工程鲁班奖（境外工程）；

3. 2016年度中国公路勘察设计协会公路交通优秀设计一等奖。

桥梁夜景

主桥及引桥高墩区景观灯

主桥施工

马来西亚槟城第二跨海大桥

京新高速公路上地铁路分离式立交桥

（推荐单位：中国铁路工程总公司）

京新高速公路上地铁路分离式立交桥全景一

一、工程概况

京新高速公路是国家"一带一路"战略标志性工程，其中上地铁路分离式立交桥是北京段控制性工程。该桥为46m+46m+230m+98m+90m五跨连续独塔单索面预应力钢筋混凝土斜拉桥，桥梁全长510m，桥宽35.5m，塔高99m，主梁段位于平曲线加竖曲线的复合曲线上，工程上跨京包铁路和城铁十三号线，公路与铁路、城铁交角仅为19°。

受北京市区征地拆迁、铁路和地铁正常运营等条件限制，该工程采用单点顶推法施工，顶推段梁长212m，顶推距离达213m，单点顶推重量25000t为世界之最，是世界首座采用单点顶推法施工的曲线混凝土斜拉桥。顶推梁63m的悬臂刷新了国内曲线混凝土箱梁顶推的记录，大跨度斜拉桥混凝土曲线箱梁长距离、单点曲线顶推施工技术达到国际先进水平。

工程于2009年9月15日开工建设，2012年5月28日竣工，总投资3.1亿元。

二、科技创新与新技术应用

1. 针对施工场地狭窄，紧临居民区、城铁站等不利因素，结合周围自然、人文和工程环境等特点，创造性的构思出"水滴形独塔，复杂曲线单点顶推法施工"的设计方案，结构新颖，受力明确合理，解决了城市内跨越繁忙铁路、城铁桥梁施工的技术难题，实现了工程建设与沿线人文自然的和谐统一。

2. 针对顶推梁段平面曲线为直线+缓和曲线+圆曲线的复杂线型和上跨运营铁路城铁的安全要求，首创了混凝土梁底啮合圆曲线顶推轨迹、单点顶推、两点限位纠偏综合施工新技术，实施效果良好。

3. 设计了一整套多功能施工及检修平台，既保证了斜拉索的快速施工，又解决了斜拉索灯具套筒等附属设施的安装和运营维修问题。

4. 发明了中心偏位自动显示仪、顶推梁横向限位器等设备，实现了大吨位曲线混凝土梁顶推的动态纠偏和精确就位。

5. 发明了新型整束退锚器，解决了212m超长预应力临时束整束安全快速退锚的技术难题。

6. 发明了斜拉索灯具套筒式安装装置，解决了大跨度斜拉桥亮化灯具易于产生风振的技术难题。

7. 研发了变曲率、变宽度、全钢液压爬模系统，解决了变截面曲线实心塔施工难题。

8. 新颖的混凝土梁与导梁结合部构造，采用精细有限元系统分析了钢结构与混凝土结合部的界面行为，变形协调、应力均匀，设计合理。

9. 主墩承台1.2万m³大体积混凝土温控技术的应用，确保了混凝土质量。

三、获奖情况

1．"顶推法施工的大跨度曲线预应力混凝土斜拉桥技术研究与应用"获得2013年度北京市科学技术二等奖；

2．2013年度北京市规划委员会北京市第十七届优秀工程设计"市政公用工程"一等奖；

3．2011年度北京市政工程行业协会市政基础设施竣工长城杯金质奖工程；

4．2012年度北京市政工程行业协会市政基础设施结构长城杯金质奖工程。

京新高速公路上地铁路分离式立交桥全景二

京新高速公路上地铁路分离式立交桥主塔挂索施工

京新高速公路上地铁路分离式立交桥日间图

京新高速公路上地铁路分离式立交桥顶推施工

京新高速公路上地铁路分离式立交桥夜间图

宁波铁路枢纽新建北环线工程甬江特大桥

（推荐单位：中国铁道工程建设协会）

甬江特大桥美景

一、工程概况

宁波铁路枢纽新建北环线工程位于浙江省宁波市，是国家综合铁路网规划和原铁道部"十一五"规划的重点建设项目之一。该项目的建成增强了宁波港集、疏、运能力，对宁波港成为"一带一路"海陆最佳结合点、宁波成为"21世纪海上丝绸之路"新枢纽具有重要意义。

甬江特大桥是宁波铁路枢纽北环线上的重点工程，全长19km，工程造价14.36亿元。全桥特殊结构占比25.1%，包括主跨468m斜拉桥1联，主跨56m、80m、100m、120m等各类连续梁15联，5×32m三线变宽连续梁、（11.9+6×17.4+11.9）m四线刚构连续梁2联及高架车站1座，结构类型丰富，技术条件复杂。

甬江主桥为全桥控制性工程，首次将混合梁斜拉桥结构应用至铁路工程领域，是我国铁路桥梁史上又一座里程碑。该桥全长909.1m，孔跨布置为（53+50+50+66+468+66+50+50+53）m，中跨468m一跨过江，钢箱主梁长419m，钢-混分界点距索塔24.5m。桥塔采用钻石型索塔，全高177.91m，技术标准采用国家Ⅰ级电气化铁路，设计速度目标值为120km/h。

工程于2009年11月开工建设，2014年12月竣工，总投资14.36亿元。

二、科技创新与新技术应用

1. 首次在铁路斜拉桥中应用钢箱混合梁结构，提出了"塔偏梁拱"的理想成桥状态，揭示了铁路钢箱混合梁斜拉桥各部构件之间的合理比例关系，丰富了大跨铁路斜拉桥桥型方案，应用前景广阔。

2. 国内铁路桥梁首次采用变厚加高型V肋加劲正交异性钢桥面板，显著改善了敏感点疲劳性能，增强了结构耐久性。

3. 针对甬江水域的通航特点和施工条件，创造性提出了"梁上运梁-旋转悬拼"钢箱梁架设新方法，属国内首创；并研发了配套的提、运、架设备，特别适合于桥下通航条件受限、滩涂区域广等特殊施工环境。

4. 混合梁连接段采用阶梯填充混凝土与前后承压板组合式钢混结合段新构造，首创了"钢混结合段模块组拼施工"新方法，并提出了"基于BIM的PBL剪力键分段交叉预安装技术"，具有分段长度灵活、施工质量可控的特点。

5. 创新采用了双挑式钢锚箱结构，集结构与风嘴功能于一体，为大跨度铁路斜拉桥提供了新的锚固结构形式。首次将钢锚箱应用于铁路斜拉桥索塔，研发了一种适用于内置整体式钢锚箱安装定位装置，提高安装精度及效率。

6. 发明了一种大直径超长钢筋笼自由吊挂定位方法，形成流水线作业，有效缩短了钢筋笼制作与安装工期。

7. 在铁路桥梁索塔施工中首次应用了塔身与下横梁异步施工技术，形成交叉作业面，在保证施工质量的前提下，大大加快了现场施工进度。

8. 设计了一种"三维组合式斜拉桥梁体索导管精确定位装置及定位方法"，改进了索导管定位的施工工艺和方法。提出一种"随动

式梁面斜拉索牵索入孔导向装置及施工方法",解决了斜拉索梁端入孔难、效率低的难题。

9. 国内桥梁首创旋转过墩式梁底检查车,利用一套检查装置,实现全桥可达、可检、可维。

三、获奖情况

1. 2016年度国际咨询工程师联合会FIDIC优秀工程项目奖;

2. "大跨度铁路钢箱混合梁斜拉桥关键技术研究"、"铁路大跨度钢箱混合梁斜拉桥关键施工技术"分别获得2015年度、2016年度中国铁道学会科学技术二等奖;

3. 2015~2016年度国家铁路局铁路优秀工程设计一等奖;

4. 2016年度湖北省勘察设计协会湖北省优秀工程设计二等奖;

5. 2016~2017年度中国建筑业协会中国建设工程鲁班奖(国家优质工程)。

甬江特大桥航拍图

甬江特大桥主桥一

甫江特大桥主桥二

甬江特大桥主桥索塔施工

甬江特大桥钢箱梁悬臂拼装施工

甬江特大桥成桥线形

新建兰新铁路第二双线工程（新疆段）

（推荐单位：中国铁路总公司）

一、工程概况

新建兰新铁路第二双线是世界上一次性建成通车里程最长的高速铁路，全长1776km，是我国"八纵八横"高速铁路主通道的重要组成部分，是国家实施西部大开发战略的标志性工程，也是连接欧亚大陆桥铁路的重要通道。

兰新二线新疆段自甘新省界（红柳河）至乌鲁木齐南站，正线全长709.923km。路基567.676km，桥梁123.293km/199座，隧道18.954km/14座，防风工程437km，新建车站14座，改建车站2座。线路86%处于荒漠戈壁，年平均降水量86mm，年平均蒸发量2343mm；冬季寒冷、昼夜温差大，年平均气温9℃，极端最高气温47.7℃，极端最低气温–41.5℃；年有效施工周期7~8个月。四大风区线路长达462km，最大瞬间风速超过60m/s，达17级以上，风沙灾害严重；是世界上穿越风区最长、防风工程规模最大的铁路。

工程于2010年3月18日开工建设，2014年12月26日竣工，总投资487.38亿元。

二、科技创新与新技术应用

1. 首次提出并应用实践了大风区高速铁路选线技术、设计原则及防风标准，系统构建了挡风墙、挡风屏、防风明洞及接触网的防风技术体系，通过采用室内外调查和试验、数值模拟分析、大型物理仿真模型试验、施工监测与信息反馈、现场实车试验等综合手段，开展了多学科、产学研相结合的系列科技攻关，形成了大风地区高速铁路成套关键技术，丰富了高速铁路技术体系。

2. 首次开展了戈壁地区长期风沙侵蚀条件下戈壁填料特性、填筑技术、沉降规律、结构耐久性等专题研究，解决了戈壁大风区路基结构耐久性、减少风蚀影响等问题，填补了国内技术空白。

3. 针对强风区高空作业风险大、大温差地区有效作业时间短，开展了专题研究，戈壁强风区桥梁建造技术取得重大创新。

4. 针对当地极端气象条件与环境，研究形成了戈壁干旱、大风、大温差环境下的高性能混凝土质量控制技术。进行了不同混凝土结构配合比设计和优化，形成了干旱风沙地区结构工程高性能混凝土配制技术；提出了适应干旱、风沙、昼夜大温差地区高性能混凝土的保温保湿养护技术。

5. 针对干旱风沙地区极端恶劣气候环境，对双块式无砟轨道结构及施工工艺进行系统研究和创新设计，建立了干旱风沙地区双块式无砟轨道的设计理论和方法，研发了无砟轨道混凝土制备、施工及养护技术，形成了干旱风沙地区无砟轨道建造技术体系。

6. 国内外首次综合采用数值模拟、有限元计算、弓网仿真、风洞试验和现场测试等方法手段，对大风区高速铁路接触网风场环境、风致响应、弓网动态性能、附加导线振动、设计风速、接触网结构及安装等进行了深入研究，形成了适合大风区高速铁路的接触网防风研究方法和成套设计技术。

7. 研制、应用了铁路站车垃圾气力输送系统，国内第一个高铁现代化垃圾处理系统在吐鲁番北站应用；对坎儿井结构采取加固措施，并设定保护区域；采取集中取料运料，利用原有植被草皮表土回

动车行驶在达坂城风区

填等措施，有效控制水土流失；积极推行绿色施工和环境保护。

三、获奖情况

1．"风区高速铁路高墩桥梁节段拼装施工设备及技术研究"、"大风戈壁地区高性能混凝土配制、养护、耐风蚀技术研究及应用"、"新疆高温差地区边疆箱梁转体施工技术研究及应用"分别获得2013年度、2013年度、2014年度新疆维吾尔自治区科技进步二等奖；

2．"高速铁路空气动力学基础研究与安全技术"、"铁路站车垃圾气力输送系统的研制与应用"、"干旱风沙地区无砟轨道建造成套技术"分别获得2014年度、2015年度、2016年度中国铁道学会铁道科技一等奖；

3．"戈壁风区条件下高速铁路双线48m节段箱梁预制拼装技术"、"兰新铁路第二双线高标准铁路沙害防治对策"、"戈壁地区高速铁路路基关键技术"、"干旱风沙地区高速铁路混凝土质量控制技术"、"干旱风沙大温差戈壁地区高速铁路综合施工技术"分别获得2012年度、2015年度、2015年度、2016年度、2016年度中国铁道学会铁道科技二等奖；

4．2017年度陕西省住房和城乡建设厅陕西省第十八次优秀工程设计一等奖。

穿越绿洲

动车驶过吐鲁番葡萄沟

"以桥代路"跨越达坂城湿地

"和谐号"冲出大漠

哈密站夜景

哈密立交特大桥

乌鲁木齐河特大桥

防风明洞

防沙墙

桥梁挡风屏

防风沙工程

路基挡风墙

重庆至利川铁路

（推荐单位：中国铁路总公司）

一、工程概况

该工程是我国《中长期铁路网规划》"八纵八横"快速客运网"沪-汉-蓉客运通道"中最艰险的一段，是川渝地区东出铁路客货运输的主干线，是川渝地区与华中和华东地区的重要交通纽带。是"十二五"建设的重点项目。本项目具有"地形起伏大、地质构造发育、岩溶发育、重力灾害多发、生态环境敏感"等特征，为典型的复杂艰险山区铁路，建设难度极高。

项目起于重庆市止于湖北省利川市，正线长264.6km，为Ⅰ级双线电气化客货共线铁路，设计速度200km/h。正线路基土石方2830万m³；桥梁130座46km（其中特殊桥33座24.8km）；隧道53座166km（有3座超10km的特长隧道），桥隧总长212km，占正线总长的80.1%。

项目于2008年12月开工，2013年12月按期建成运营，工程总投资298.9亿元。

二、科技创新与新技术应用

1. 构建了复杂艰险山区勘察与减灾设计技术。以"空、天、地"三位一体的新型勘察体系为依托，创造性提出了基于风险控制与逐级优化方案与工程措施的总体设计技术与方法，特别是岩溶高发育区减灾选线技术，取得了巨大成功。

2. 构建了适应复杂艰险山区高墩大跨桥梁建造关键技术。首创了A型、人字型等混凝土高墩结构技术体系，提出了适应山区高墩大跨桥梁快速施工成套技术。代表性的有世界最大铁路桥墩高139m的蔡家沟特大桥；世界联长最长777.6m的铁路刚构连续梁桥新桥特大桥；依托刚度控制技术和抗涡振技术，建成了跨越长江天堑当时世界最大主跨432m的双线铁路斜拉桥韩家沱长江特大桥。

3. 建立了城（镇）复杂环境下浅埋红层缓倾岩层隧道综合修建技术：依托所开发的浅埋隧道大临空面综合开挖与爆破振动安全控制技术，建成了穿越密集城区的火风山隧道（9402m）及长洪岭隧道（13294m）。

4. 沟谷高填筑坝上修建大跨明洞、再回填超厚土的成套技术：为解决工程弃渣和丰都城区建设用地问题，依托创建的超厚填土明洞土压力计算理论与方法和发明的隧道构造，在线路通过的斜南溪沟谷，以高填筑坝（大体积混凝土）上修建明洞，再回填超厚土（工程弃渣），建成了世界上首座位于城市工程超大弃渣堆积体中的隧道，

复杂山区长大沟谷段线路美景

为丰都城区提供建设用地近2000亩，节省弃渣用地600亩。

5. 创新山地灾害防治及特殊路基设计技术：依托创新的山地灾害分级、高陡边坡落石轨迹模拟及冲击力计算方法，建成了适应山区特殊环境灾害防治的多种综合防护工程，如多排埋入式抗滑桩等，有效解决了高陡边坡加固等难题。

6. 创新高速线路高墩大跨桥梁无缝线路设计技术：依托创新的特殊桥梁桥上无缝线路计算模型，并成功应用于韩家沱主跨432m长江桥、蔡家沟等大跨桥上无缝线路的铺设，满足了高墩大跨桥梁动车组安全、高速的运行要求，为我国山区桥上铺设无缝线路提供了样板。

三、获奖情况

1．2015年度国际咨询工程师联合会FIDIC杰出工程项目奖；

2．"城市区铁路工程岩石路堑与浅埋隧道安全控爆技术"获得2016年度中国铁道学会铁道科技一等奖；

3．2016年度四川省住房和城乡建设厅四川省优秀工程勘察设计一等奖；

4．2015年度四川省住房和城乡建设厅工程勘察设计"四优"一等奖；

5．2013～2014年度重庆市建筑业协会重庆市巴渝杯优质工程奖。

蔡家沟特大桥——世界最高墩铁路桥（A型墩139m高）

韩家沱长江特大桥——塔—梁—索同步施工

韩家沱长江特大桥——世界最大跨度双线铁路钢桁斜拉桥——主跨432m

A型墩斜腿劲性骨架配合液压爬模施工

以桥通过山区槽谷宝贵的农田

山、桥、隧、塔、路融为一体自然景观

铁路穿越崇山峻岭

沙子车站前的边坡加固工程

斜南溪沟谷高填32m筑坝上正在修建明洞（再回填土高29m至丰都城区标高）

青藏铁路新关角隧道

（推荐单位：中国铁道建筑总公司）

一、工程概况

该隧道长32.69km，设计时速160km/h，为双洞单线隧道，采用钻爆法施工，设11座斜井，长15.266km，设泄水洞1座，长8.06km，是我国首座长度超过30km的隧道。

该隧道自然环境极其恶劣，隧道洞（井）口平均海拔3600m，施工通风距离达5km，洞内氧气含量仅为平原地区的60%，施工环境保障面临极大挑战；地质条件极其复杂，密集断层束长3km，具极高的应力，变形控制难度大；岭脊段穿越长10km的高压富水灰岩地层，风险极高；高海拔特长隧道的运营通风、防灾疏散救援等运营安全保障极具挑战；特殊的自然和人文环境、隧道工程难度，导致建设管理难度极大。

隧道的建成使运营线路长度由75.904km缩短为39.084km，运行时间由2h缩短为20min，打通了控制青藏铁路运输的最大关口。采用长隧道从基底穿越青海南山，节省用地、退还土地资源效果极为显著；利用高原草甸移植存放进行地表恢复，投放PAC进行污水处理，达标排放，环保成就卓越。采用特长隧道，节约运营费显著；采用自然通风和斜井隔板式施工通风等新技术，节能减排、节省投资显著。

工程于2007年11月开工建设，2014年12月竣工，总投资49.6095亿元。

二、科技创新与新技术应用

1. 建立了高海拔特长隧道火灾救援站的模式和基于安全隧道供风、竖井均衡排烟的防灾疏散救援技术体系。

2. 提出了高海拔铁路隧道运营中有害气体及粉尘浓度的容许值；论证了关角隧道运营通风采用自然通风方案的可行性。在设计中突破了"电力机车牵引，长度大于15km的客货共线铁路隧道应设置机械通风"的一般规定，取得了节省能耗和节约投资的良好效果。

3. 针对高原缺氧的恶劣条件，开发了长斜井隔板式施工通风技术，实现了长距离、大风量、多工作面同时供风；设置节能型升温风箱，利用空压机循环冷水对冷空气加温，可提高施工作业区温度3~4℃。

4. 为了解决高海拔地区长斜井出渣重车上坡污染严重的问题，研发了长斜井皮带运输机出渣系统技术，创新了钻爆法施工出渣运输作业模式。

5. 针对风积砂地层围岩松散，易于坍塌的难题，研发了四台阶九步开挖法和相应的初期支护体系，提出了仰拱封闭距离小于16m的

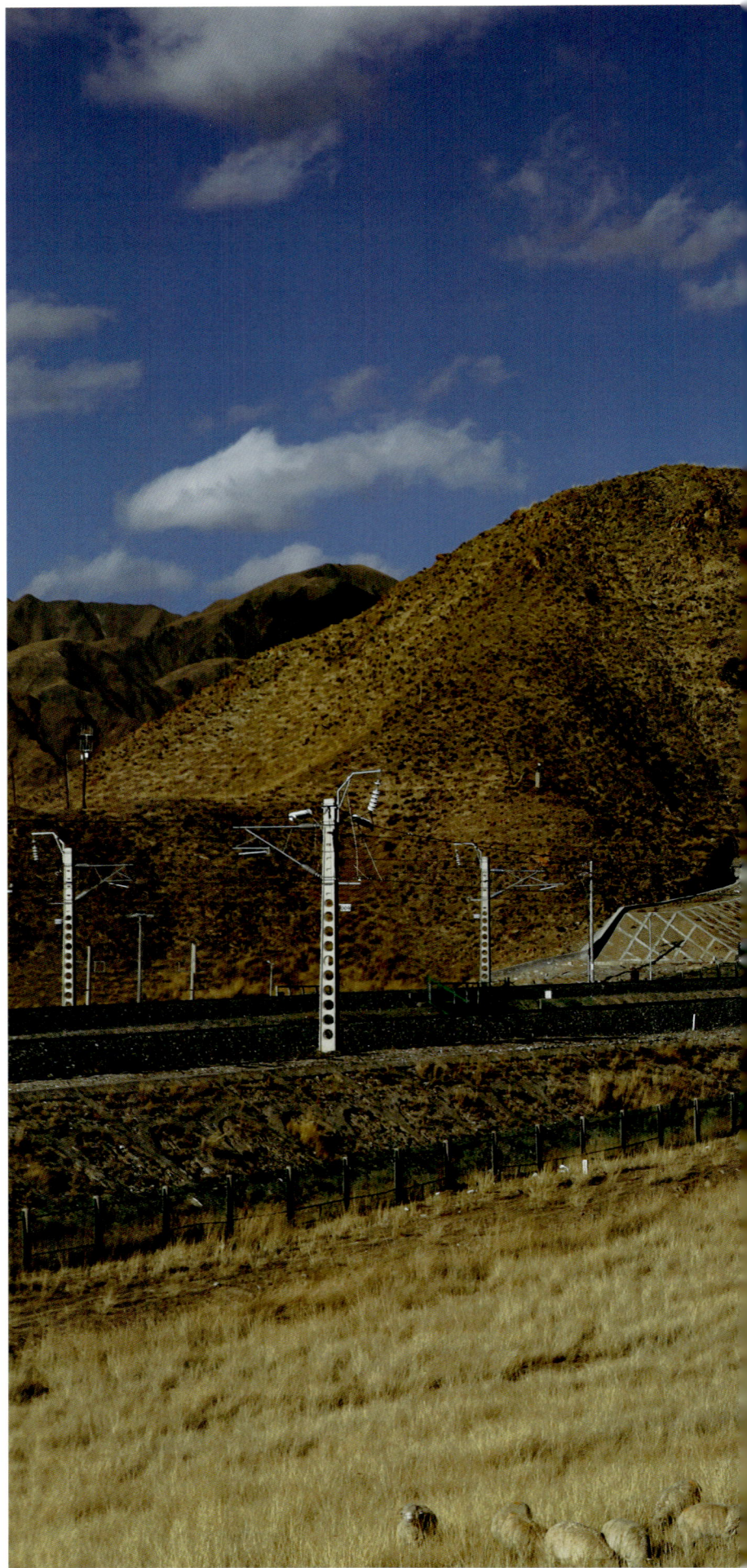

关角隧道格尔木端洞口全景

控制指标，有效防止了隧道塌方。

6. 为了防止高水头富水围岩段施工中地下水突涌，确定了出水量预警值，开发了岩溶裂隙水顶水注浆系统技术。

7. 针对挤压性围岩大变形的特点，提出了着重加强边墙的支护结构，加大边墙曲率，使横断面形状接近圆形，用锚杆加固围岩等措施。

三、获奖情况

1. 2016年度国际隧道与地下空间协会（ITA）重大工程奖；

2．2016年度国际咨询工程师联合会FIDIC优秀工程奖；

3．"高海拔高水压特长关角隧道修建技术"获得2016年度青海省科学技术一等奖；

4．"关角隧道修建关键技术"获得2016年度中国铁道学会铁道科技一等奖；

5．2016年度国家铁路局优秀工程设计一等奖、优秀工程勘察一等奖。

斜井隔板式通风

弃渣场

围岩变形导致初期支护开裂

皮带机运输系统

隧道内紧急救援站

隧道内注浆堵水

隧道内排烟风机房

草皮移植

南京市梅子洲过江通道连接线工程——青奥轴线地下交通系统及相关工程

（推荐单位：中国铁道建筑总公司）

一、工程概况

本工程由梅子洲过江通道连接线、滨江大道下穿隧道及青奥轴线地下空间三部分组成。梅子洲过江通道连接线设计速度80km/h、双向六车道，道路等级为一级公路兼顾城市快速路，主线隧道长1668m，并设置6条匝道与地面道路相连，匝道全长1548m。滨江大道下穿隧道为下穿青奥广场及青年公园的地下市政隧道，设计速度60km/h、双向六车道，道路等级为城市快速路。其中，滨江大道下穿通道长1260m，并设置5条匝道与梅子洲主线隧道及青奥会议中心相连，匝道全长1293m。青奥轴线地下空间主要包括青奥博物馆和地下停车场两部分，总开发面积约2.1万 m^2。

基坑形状多样，由11条匝道、2条主线隧道和1个地下空间组成，为多梯度非对称异形超大超深基坑群；支护采用地下连续墙、自凝灰浆墙、钻孔灌注桩、SMW工法桩、高压旋喷桩、钢板桩等多种形式，支护工序多、工艺全，其中地下连续墙最深处53.5m，底部嵌入岩层2m；基坑开挖面积大，仅核心区异型基坑开挖面积约3.4万 m^2，开挖难度大；工程距离长江大堤不足100m，地处长江漫滩地区强透水地质，基坑降水量大，且沉降控制要求高；工程结构设计、受力分析复杂，与周边建筑物融入度高，设计难度大。通过科研攻关和技术创新，在确保了工程质量的同时节省投资21.27亿元，节省工期6个月。

工程于2012年5月开工建设，2014年11月竣工，总投资32.5亿元。

二、科技创新与新技术应用

1. 首次通过非对称异形深基坑围护结构比例模型离心力学试验，揭示了其力学特征与变形机理。

2. 研发了新型变刚度地下连续墙围护结构，解决了坑中坑围护结构选型与快速施工难题。

3. 研发了长江漫滩高承压水大型超深基坑分区组合式降水技术，解决了高承压水条件下大型超深基坑降水难题。

4. 创新采用长江漫滩高承压水超深自凝灰浆墙施工技术，解决了长江漫滩富水地层超大异形深基坑分区施工成本高、常规隔断结构拆除困难等难题。

5. 研发了地下三层立交系统独立分区排烟技术、多梯度结构抗浮变形协调技术、复杂异形结构喷膜防水技术。

6. 自创的"雨花石仿真过渡段"技术，将实体与当地文化很好的融为一体。

隧道东侧全景图

三、获奖情况

1. 2016～2017年度中国建筑业协会中国建设工程鲁班奖；

2. 2016年度江苏省住房和城乡建设厅江苏省"扬子杯"优质工程奖；

3. 2016年度江苏省勘察设计行业协会优秀设计奖。

隧道口与地上景观融为一体

隧道局部内景

地下空间（南京奥林匹克博物馆）

"雨花石"仿真光过渡段顶板

隧道北侧全景图

隧道南侧全景图

大理至丽江高速公路

（推荐单位：中国公路学会）

一、工程概况

大理至丽江高速公路是国家高速公路网横12杭州至瑞丽公路的联络线，是我国第一条通达藏区的高速公路。项目建设对贯彻落实国家西部大开发战略，打通滇藏公路运输的快速通道，促进中国香格里拉生态旅游区的和平与繁荣、带动沿线经济发展、加强民族团结、巩固国防等具有重要的意义。

大丽高速建设总里程259km，其中主线192km，连接线67km。双向四车道，路基宽度24.5m，设计时速80m/h。全线路基土石方4253m³，特大桥23858m/15座，大桥61242m/187座，中小桥12125m/217座，隧道38286m/10座。互通式立交12处，分离式立交11处，收费站12个。服务区、停车区、管理处、监控中心、观景台共19处。

工程于2010年6月开工建设，2013年12月全线建成通车，2016年5月竣工，总投资187.99亿元。

二、科技创新与新技术应用

1. 设计理念的创新，"以功能为主线，以安全为核心"作为总体设计原则，以"安全、舒适、耐久、节约、和谐、融入旅游文化"作为设计理念，较好地实现了"以大丽高速公路为纽带整合区域内的旅游资源；以大丽高速公路建设为契机保护和弘扬区域内的民族文化；以大丽高速公路建设为动力推动区域内的环境保护"，"建设一条旅游文化路"的设计目标。

2. 技术创新与应用：

（1）针对项目特点开展了公路与铁路小垂距交叉软岩隧道设计施工关键技术项目研究，创新研发形成了一套小垂距软岩交叉隧道设计、施工和监测技术体系。

（2）深厚湖相软土地基处治技术及工程应用，成功处治了沿线50多公里的深厚湖相软基，确保了工程质量，有效减少了路基工后沉降及桥头跳车，提高了行车舒适性与安全性。

（3）三维成像隧道地质超前预报成套技术研究与工程应用，准确预报掌子面前方地质构造和不良地质体的空间分布位置，超前掌握隧道围岩类别及地质情况，确保隧道结构在施工过程中的整体稳定，达到设计的动态再优化和设计合理性有效验证，并控制施工、保证质量。

（4）研制定型可移动式喷淋养生台架，节约了材料和用地。

（5）率先在云南采用高速公路交通地理TGIS信息系统、绿色通

道不停车检测系统、车辆高温检测系统等8大系统，为高速公路智能化管理提供了决策依据。

三、获奖情况

1. "公路与铁路小垂距交叉软岩隧道设计施工关键技术研究与工程应用"获得2016年度云南省科学技术进步一等奖；

挖色立交——通向洱海东岸的旅游通道

2．"三维成像隧道地质超前预报成套技术研究与工程应用"、"山区高速公路深厚湖相软土地基处治技术及工程应用"获得2016年度云南省科学技术进步三等奖；

3．"公路与铁路小垂距交叉软岩隧道设计施工关键技术研究与工程应用"、"山区高速公路深厚湖相软土地基处治技术及工程应用"获得2016年度中国公路学会科学技术二等奖；

4．2015年度中国公路勘察设计协会公路交通优秀勘察一等奖、公路交通优秀设计一等奖；

5．2014年度重庆市建筑业协会重庆市巴渝杯优质工程奖。

长育大桥——全长3.5km，为避免穿越洱海和避让村庄和农田，大丽高速公路指挥部优化设计改路为桥，沿山脚而建，节约耕地500余亩

挖色特大桥高墩爬模施工——云南省首次采用门式脚手架搭设圆形转梯，设置廊桥人行通道等方便施工和安全防护措施，极大地提高了工作效率，取得良好的使用效果，得到业内好评

路面施工——严格检验原材料，加强路面施工质量控制及现场检测，质检部门在竣工验收时评定大丽高速路面质量为"优良"

具有民族特色的双廊隧道，最大限度实现了洞门"零仰坡"

公路文化建设——镜海观景台——该观景台可观赏洱海及双廊古镇风光（大丽高速利用沿线取弃土场及三角地带，建设了8个观景台，在沿线服务区设置了多个雕塑墙和文化景观，展示公路沿线历史文化、民族文化和交通文化等）

白玉村特大桥

洱源坝子

阿尔及利亚东西高速公路

(推荐单位：中国交通建设集团有限公司)

西标段W7建成段高架桥

一、工程概况

阿尔及利亚东西高速公路项目在当时是中国公司有史以来在国际工程承包市场获得的各类工程中单项合同金额最大、同类工程中技术等级最高、工期最短的大型国际总承包项目。

东西高速公路是阿尔及利亚东西向干线公路，也是全长近7000km的北非马格里布地区干线高速公路的重要组成部分。项目全长1216km，分东、中、西三个标段在全球范围招标，其中中、西两个标段由中国国际信托投资（集团）有限责任公司和中国铁建股份有限公司联合中标，由中交第一公路勘察设计研究院有限公司负责设计，两段总里程长达528km，采用双向六车道高速公路标准建设，设计速度按地形类别分为100km/h和120km/h两种，路基宽度33.0m，桥梁17697m/261座，隧道2470m/2座，互通立交30处，这在中国承接的国际公路项目中，工程规模首屈一指。

工程于2006年9月18日开工建设，2012年4月9日竣工，总投资69亿美元。

二、科技创新与新技术应用

1. 首次系统研究了欧洲公路建设规范体系，部分理念已被我国新版《公路工程技术标准》采纳。

2. 自主开发基于欧洲标准的桥梁通用设计图、路线和桥涵设计计算系列软件。

3. 引进欧洲斜坡路基处治、软质边坡支护先进技术，填补国内相关领域空白。

4. 创新极软岩大断面隧道设计施工成套技术、研发高模量沥青混合料外加剂，既保证工程质量又节约造价和工期。

5. 吸收欧洲减隔震设计理念，研发新型桥梁减隔震装置，成功实现中国技术和产品的海外输出。

6. 创新运用高速公路混凝土防撞护栏滑模施工工法、添加剂型高模量沥青混凝土路面施工工法和O型预制块挡墙施工工法。

三、获奖情况

1. "基于欧洲（法国）标准体系的高速公路勘察设计关键技术研究"获得2014年度陕西省科学技术三等奖；

2. "桥梁结构标准化、数字化、智能化设计及应用成套技术研究"、"公路桥梁减隔震装置"分别获得2011年度、2012年度中国公路学会科学技术一等奖；

3. "阿尔及利亚东西高速公路勘察设计关键技术研究与应用示范"、"沥青路面关键技术体系在非洲国家的建立和应用合作研究"分别获得2012年度、2015年度中国公路学会科学技术二等奖；

4. 2012年度陕西省住房和城乡建设厅陕西省第十六次优秀工程设计（工业类）一等奖；

5. 2013年度陕西省住房和城乡建设厅陕西省第十五次优秀工程勘察一等奖；

6. 2014年度中国公路勘察设计协会公路交通优秀勘察二等奖。

护栏滑模施工

中标段M5通车后远景

h型圆形抗滑桩

中标段M1跨公路穿越峡谷连续梁桥

糯扎渡水电站工程

（推荐单位：中国大坝工程学会）

一、工程概况

糯扎渡水电站工程位于中国云南省普洱市澜沧江下游干流上，电站装机容量5850MW，水库总库容237亿m³，心墙堆石坝最大坝高261.5m，是我国最高、世界第三高土石坝，工程以发电为主，兼有防洪、改善下游航运、灌溉、渔业、旅游和环保等综合利用效益，是国家"西电东送"、"云电外送"的重要骨干项目。

工程于2013年蓄水至正常蓄水位后，已经过5次洪水期考验，运行状况良好。工程渗漏量最大为15L/s，为国内外同类工程最小。至2017年5月底，已累计发电967亿Wh时，效益显著。工程建设质量优良、运行状况良好、技术创新突出，为世界最具代表性的高堆石坝国际里程碑工程。

工程于2006年1月开工建设，2016年5月通过竣工验收，总投资610亿元。

二、科技创新与新技术应用

1. 系统提出了高心墙堆石坝采用人工碎石掺砾土料筑坝成套技术，使心墙具有足够的防渗、强度和抗变形能力；发展了高心墙坝静、动力学分析模型，突破了200m以上心墙堆石坝坝坡缓于1:2.0的限制；首次在大坝上游区采用含软岩的石料478万m³，最大限度地利用了工程开挖料，减少征地1200亩；研发并实施了9度高地震烈度区的综合抗震措施。解决了制约高土石坝安全最为关键的技术难题，确保了工程安全并显著节省了投资。

2. 首次成功研发了"数字大坝"系统，实现了对坝料来源、质量、施工工艺和方法等全过程实时、在线监控，确保了总体积达3400余万立方米大坝的施工质量优良，是世界大坝建设质量控制技术的重大创新。

3. 提出了消力塘护岸动边界底板的新型结构形式，不仅减少底板混凝土量16.1万m³，降低了施工难度，而且大大减小了消力塘底板冲损风险，提高了运行安全性。

4. 研发并建成叠梁门分层取水新型进水口，有效控制了下泄水温，为鱼类繁衍创造了良好条件；建成"两站一园"生物多样性保护基地，其中稀有鱼类增殖站已投放鱼苗642万尾；实施了一系列水土保持绿化、节能节水措施，实现了水电开发与生态环境保护相得益彰。提高了下游景洪市防洪标准，为澜沧江下游国家防洪抗旱发挥了重要作用。

糯扎渡水电站工程正面航拍

三、获奖情况

1. 2017年度国际大坝委员会第四届国际里程碑工程奖；

2. "超高心墙堆石坝关键技术及应用"、"高坝泄洪消能防护和雾化安全技术与应用"、"重大水利水电工程施工实时控制关键技术及其工程应用"、"高原高山峡谷区大型梯级开发的环境效应及生态安全调控"、"水利水电工程地质建模与分析关键技术及工程应用"、"大型水利水电工程可视化仿真技术及其工程应用"分别获得2014年度、2012年度、2011年度、2010年度、2007年度、2005年度国家科学技术进步奖二等奖；

3. "超高心墙堆石坝关键技术研究及工程应用"、"大型水电站进水口分层取水研究"、"高心墙堆石坝施工质量实时监控关键技术及工程应用"、"糯扎渡水电站导截流工程关键技术研究及应用"分别获得

2012年度、2011年度、2010年度、2009年度云南省科技进步奖一等奖；

    4．"高坝消力塘防护结构及安全监测预警系统研究"获得2007年度天津市科技进步一等奖；

    5．"大型水电站压力管道和蜗壳结构设计理论研究与工程应用"获得2007年度湖北省科技进步一等奖；

    6．"水利水电工程大型堆积体特性及失稳防控研究"获得2013年度中国水力发电工程学会水力发电科学技术特等奖；

    7．"大型水电工程岩石高边坡工程安全理论研究与工程应用"获得2010年度大禹水利科学技术奖奖励委员会大禹水利科学技术一等奖；

    8．2017年度中华人民共和国水利部国家水土保持生态文明工程；

    9．2012～2015年云南省住房和城乡建设厅优秀工程设计奖一等奖。

糯扎渡水电站工程侧面航拍

高峡平湖

野生动物救护站

稀有鱼类增殖站

珍稀植物保护园

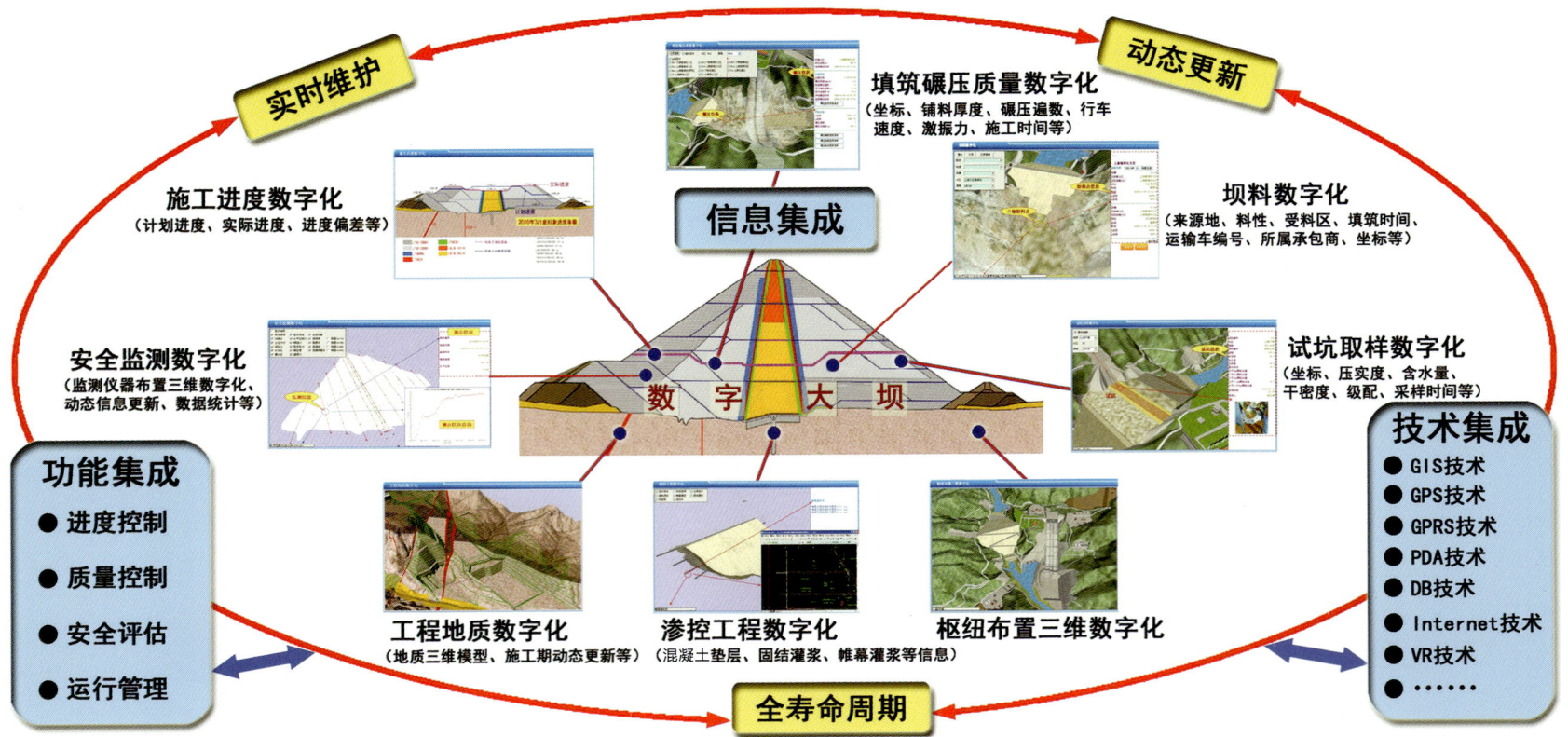

填筑碾压质量数字化
（坐标、铺料厚度、碾压遍数、行车速度、激振力、施工时间等）

实时维护

动态更新

施工进度数字化
（计划进度、实际进度、进度偏差等）

信息集成

坝料数字化
（来源地、料性、受料区、填筑时间、运输车编号、所属承包商、坐标等）

安全监测数字化
（监测仪器布置三维数字化、动态信息更新、数据统计等）

数 字 大 坝

试坑取样数字化
（坐标、压实度、含水量、干密度、级配、采样时间等）

功能集成
● 进度控制
● 质量控制
● 安全评估
● 运行管理

工程地质数字化
（地质三维模型、施工期动态更新等）

渗控工程数字化
（混凝土垫层、固结灌浆、帷幕灌浆等信息）

枢纽布置三维数字化

技术集成
● GIS技术
● GPS技术
● GPRS技术
● PDA技术
● DB技术
● Internet技术
● VR技术
● ······

全寿命周期

糯扎渡数字大坝技术体系框架

大坝填筑现场施工照片

叠梁门分层取水新型进水口

岸边溢洪道泄洪

护岸不护底新型消力塘

雅砻江锦屏一级水电站工程

（推荐单位：中国大坝工程学会）

一、工程概况

雅砻江锦屏一级水电站工程，坝高305m，是目前世界所有坝型中的第一高坝。该工程装机3600MW，库容77.6亿m³，是一等大（1）型工程，大坝为混凝土双曲拱坝。工程以发电为主，兼有防洪任务。工程于2014年8月蓄水至正常水位以来已经过多次洪水考验，大坝、地基、高边坡的变形、应力、渗流、渗压等各项指标均满足设计要求，运行工况良好。工程于2013年8月投产发电至2017年5月底，已累计发电580亿kW·h，累计交税43.22亿元，工程效益显著。该工程具有高拱坝、高陡边坡、高地应力、高水头泄洪消能、深部卸荷裂隙等特征。

工程于2005年9月开工建设，2016年4月通过竣工验收，总投资401.7亿元。

二、科技创新与新技术应用

1. 针对305m特高拱坝复杂地基变形控制等难题，创建了拱坝与地基协同分析一体化设计和安全评价理论，实现了拱坝从200m级到世界最高坝的跨越。

2. 针对倾倒变形、断层交汇、深部裂隙发育复杂地质条件，以及高陡边坡稳定难题，提出了"抗剪洞、大吨位长锚索结合锚喷支护、立体排水"的综合技术措施，实现了高达530m高陡边坡的稳定安全。

3. 针对高地应力、构造发育的地下厂房洞室群围岩稳定难题，首次提出了"浅表固壁—变形协调—整体承载"的大变形控制技术，保障了地下厂房洞室群的安全。

4. 针对高水头、超高流速、大泄量及泄洪雾化难题，首创坝身水流空中无碰撞泄洪消能与减雾、泄洪洞高效减蚀和燕尾坎挑流消能防冲等技术，安全监控表明，消能、防蚀、减雾效果良好。

5. 针对特高拱坝混凝土防裂等难题，提出混凝土骨料碱性控制、智能温控、4.5m升层、实时监控等成套高效施工技术，节约工期5个月，大坝工程质量优良。

6. 工程建设注重节能、节地、节水、节材和环境保护。采用薄拱坝设计、废水处理回用、分层取水等技术，43.7%的场地进行了多次利用；混凝土配合比优化节约水泥10.23万t；建立了大规模的鱼类增殖放流站，已投放鱼苗610万尾。

锦屏一级水电站大坝全景

三、获奖情况

1. 2015年度世界工程组织联合会（WFEO）Hassib J.Sabbagh杰出工程建设奖；

2. "高水头大流量泄水建筑物分级防冲防蚀成套技术"获得2012年度国家技术发明奖二等奖；

3. "高坝泄洪消能防护和雾化安全技术与应用"、"高坝动静力超载破损机理与安全评价方法"、"复杂水电能源系统优化运行关键技术研

究及应用"、"高坝工程泄洪消能新技术的开发与应用"分别获得2012年度、2012年度、2010年度、2009年度国家科学技术进步奖二等奖；

4．"锦屏一级复杂地质特高拱坝建设关键技术研究与应用"获得2016年度中国水力发电工程学会水力发电科学技术奖特等奖；

5．"雅砻江流域水电生态环境保护关键技术研究及应用"、"大型水电机组故障诊断与优化控制关键技术及应用"、"流域水电智能化运行关键技术研究及应用"分别获得2015年度、2015年度、2010年度

中国水力发电工程学会水力发电科学技术奖一等奖；

6．"高拱坝真实工作性态研究及工程应用"获得2013年度大禹水利科学技术奖奖励委员会大禹水利科学技术奖一等奖；

7．2016年度四川省住房和城乡建设厅四川省优秀工程勘察设计奖一等奖；

8．2011年度四川省住房和城乡建设厅四川省工程勘察设计专项工程一等奖。

锦屏一级水电站大坝仰视图

锦屏一级水电站枢纽工程全景图

锦屏一级水电站大坝

锦屏一级水电站大坝泄洪

青岛港董家口港区青岛港集团矿石码头工程

（推荐单位：中国土木工程学会港口工程分会）

一、工程概况

工程位于董家口港区规划的矿石作业区，地处青岛市南翼的胶南市辖区、琅琊台湾。建设规模为30万吨级铁矿石接卸泊位（码头水工结构按靠泊40万t散货船设计）和20万吨级铁矿石泊位各一个，并配套建设相应工程。设计年通过能力2900万t。

30万吨级泊位采用开敞式布置，码头长度为510m，平台宽度为40m。20万吨级泊位布置在北一突堤，码头长度为372m。引桥、西引堤、西护岸与30万吨级码头垂直布置，引桥长度为458m，西引堤和西护岸总长2316m。本工程设三个堆场及一个辅建区，陆域总面积176.35万m²。

30万吨级泊位上部采用梁板结构，基础采用重力式单排椭圆沉箱结构。20万吨级泊位采用重力式沉箱结构。引桥基础采用高桩墩台结构，上部采用预应力混凝土连续箱梁结构。引堤和护岸采用抛石斜坡堤结构。

工程清洁能源及节能环保系统完善，建有地源热泵空调系统、太阳能供电系统、船舶岸电系统、矿石污水及挡风抑尘墙、除尘系统等设施。

工程于2010年3月15日开工建设，2011年6月30日完工，2013年7月15日通过竣工验收，总投资40.8亿元。

二、科技创新与新技术应用

1. 码头采用开敞式布置，充分利用了宝贵的深水岸线，合理确定了30万吨级泊位轴线走向和码头前沿线位置，保证安全的同时降低了工程投资。

2. 通过码头二层系缆平台加长横缆长度，有效抑制了船舶的横向运动及大大减小缆绳张力，提高了系泊的安全性和装卸作业效率。

3. 码头平台采用超大型椭圆形沉箱+预制悬臂梁的结构，不仅大大节省了工期和投资，降低了上部结构施工的难度，同时也增强了码头结构的横向联系，避免了前后轨的不均匀沉降。

4. 基床整平采用深水抛石整平船施工工艺，实现了深水抛石基床整平的抛石、整平、检测一体化机械化施工，显著提高了施工质量和效率。

5. 国内首次采用6000t大型沉箱液压胶囊台车顶升上坞工艺，解决了大型沉箱出运难题。

6. 码头上部大型预制箱梁国内首次采用三维千斤顶精确安装，

全景一

箱梁安装轴线位置、前沿线、竖向倾斜等各项偏差均控制在5mm内。

三、获奖情况

1. "离岸深水港建设关键技术与工程应用"获得2013年度国家科技进步奖一等奖；

2. 2014年度中国水运建设行业协会水运交通优秀设计一等奖；

3. 2013年度中国水运建设行业协会水运交通优质工程奖；

4. 2014~2015年度中国施工企业管理协会国家优质工程奖。

全景二

沉箱上坞

全景三

海上吊装施工

上海市轨道交通12号线工程

（推荐单位：中国土木工程学会轨道交通分会）

中春路停车场

一、工程概况

上海轨道交通12号线是上海城市轨道交通网络中纵贯中心城区西南至东北向的主干线，串联了大型居住区、综合开发区、核心商务区和旅游商业区等重要区域，基本上与所有运营线路（5号线除外）实现换乘，发挥出极强的换乘功能，开通运营三年多来连续多次获得乘客满意度评价第一名，被誉为"换乘之王"。

线路始于金海路站，终至七莘路站，全长约40.4km，设32座车站（13座与既有线换乘，6座预留换乘条件）、金桥定修段和中春路停车场，设长青路主变、巨峰路主变分别与13、6号线共享，设中山北路控制中心与8、10号线共享。车辆采用6节编组A型列车、设计最高运行速度80km/h、设计最大行车密度每小时36对。

针对长距离穿越高密度历史悠久保护建筑群，建设轨交枢纽结合型超深、超大地下综合体，在既有运营轨交高架线路下施工车站基坑，既有轨交换乘枢纽站不停运改造等方面的重大挑战，项目在设计理念、技术集成、理论仿真、工艺装备、软件研发等方面形成了技术创新并应用于工程实践。

工程于2008年12月30日开工建设，2015年12月19日运营通车，总投资364.8亿元。

二、科技创新与新技术应用

1. 首创超长距离穿越历史悠久保护建筑群的超微环境影响控制技术体系，发明了新型抗剪缓凝砂浆材料及盾构进洞抗风险装置，实现推进过程中地表沉降毫米级控制，带动城市轨道交通穿越各类建筑施工技术的整体提升。

2. 首创既有轨交结合型超深超大地下综合体设计施工关键技术：基于数据融合理念的深基坑工程多参数预警技术、承压水"隔—降—灌"综合管控技术及设备系统、支撑体系稳定性控制技术、与超高层建筑一体化设计施工技术，为今后深埋车站施工提供了强有力的技术支持，也使我国深基坑风险控制技术的发展达到了国际先进水平。

3. 面对早期车站未预留换乘条件、车站无法中断运营导致的方案选择受限以及站内大客流造成施工要求严苛等困难，构建了集土建实施、机电改造、客流组织为一体的换乘枢纽站不停运改造技术体系，最大限度降低既有站改造工程对社会的影响，为后续轨交车站的改造探索了新的方法、技术和手段。

4. 首创围合运营轨交高架立柱的基坑设计施工技术，开展了四周卸荷的墩柱承载力影响和变形控制研究，优化了小角度MJS工艺，研发了浅层松散土层旋喷桩技术，为同类型项目施工提供了强有力的技术支持。

5. 首次在地铁实现发电规模达到1.91MWp的分布式光伏发电，研制了35kV非晶合金干式变压器，实现了正弦交流电同步汇入电网，空载损耗和空载电流较国标降低60%以上。

6. 实现了基于轮轨关系的减振降噪技术有效匹配。首次系统化地将预制装配式钢弹簧浮置板、降噪型车轮及轨道精调技术应用于地下线路，大幅度提高了轨道平顺性，降低了振动噪声水平。

7. 首次在地铁建设的前期规划、设计、施工及运维等全寿命周期中应用BIM技术，构建了基于BIM技术的建设管理平台，研发了配

套的建模插件，提升了建设管理水平和工作效率。

三、获奖情况

1．"上海轨道交通12号线工程关键技术研究与应用"获得2017
年度上海市科技进步二等奖；

2．"扩建型轨道交通枢纽站超深基坑工程安全和环境安全双控技
术"获得2015年度上海市科技进步二等奖；

3．2017年度上海市勘察设计行业协会上海市优秀工程勘察设计
一等奖；

4．2015～2016年度上海市市政公路行业协会上海市市政工程金奖。

汉中路站换乘大厅《地下蝴蝶魔法森林》公共艺术作品

环控机房管道布设

预制装配式浮置板道床

青岛市地铁3号线工程

（推荐单位：中国土木工程学会轨道交通分会）

一、工程概况

青岛市地铁3号线工程线路全长约为24.8km，全部为地下线。设车站22座、安顺路车辆基地1座、控制中心1座。本工程共有换乘车站6座，其中双岛四线换乘车站2座。全线明挖车站14座，暗挖车站7座，明暗挖结合车站1座，全线设区间21个，暗挖工程全部采用矿山法施工。

3号线在建设过程中面临着诸多困难和挑战：青岛市是典型的土岩二元组合地层结构，地质结构复杂，既有强度较高的硬质基岩地层，也有第四系软弱土层，如何处理好共存的两种工程性质截然不同的地质，以及岩土分界面（强风化性质近似于土）上下两部分的关系，对于车站及隧道结构的安全至关重要；线路浅埋下穿大量国家或省市级文保建筑、房屋及年代久远的历史建筑物，在硬岩地质条件下，需要大量采用钻爆法施工，如何控制爆破振速，安全、经济、和谐、有序地完成爆破作业具有相当重要的意义。青岛地铁3号线工程处在滨海地区综合复杂的腐蚀环境中，混凝土结构要满足使用年限100年需要，耐久性要求高于其他城市地铁工程。本工程是一项综合性的特大系统工程，机电设施设备多，运营管理复杂，如何设计使得资源共享，达到绿色节能环保的目的，是设备系统的一大挑战。

工程于2010年6月开工建设，2015年11月竣工，总投资152亿元。

二、科技创新与新技术应用

1. 首创《复杂土岩二元地质条件下地铁建筑综合成套建造技术》，成功解决了复杂土岩组合地层中地铁结构安全施工及变形控制等技术难题，该项技术国际领先。

2. 全国地铁首创单层喷锚衬砌隧道：为了充分发挥青岛地区硬质岩层的突出优势，在3号线大胆创新，采用了单层喷锚衬砌永久支护（即没有二衬），为国内首例采用此类型支护的地铁隧道，填补了国内地铁行业的空白。

3. 全国首创《富水砂层地铁隧道新意大利法设计关键技术》，在地铁领域首次采用新意法的设计理念，采用水平旋喷桩工艺加固富水砂层，此法在控制沉降和防止隧道坍塌方面有明显的优势，可实现非降水条件下砂层隧道的全断面开挖，兼顾了施工安全和效率。

4. 首创《硬岩地质条件下地铁工程无感稳态钻爆法施工技术》，破解了硬岩地区地铁施工下穿零距离建构筑物，文保建筑，人防硐室裸洞群等诸多难题，同时填补了本领域施工技术空白。

5. 研发《近海强腐蚀环境下地铁混凝土结构服役性能设计》，有针对性地解决了强腐蚀条件下混凝土结构的耐久性问题，并在国内首次应用地铁施工弃渣取代天然骨料，取得了很好的应用效果。

6. 以青岛地域特点为出发点，率先提出地铁行业全寿命期能源服役性能化设计，开创了地铁能源设计的先河，使地铁各个系统能源利用的方案均达到高效节能的效果。

7. 研发《地铁建设全过程智能动态风险管控系统》，研发风险手机APP，实现安全风险的移动式管理；引入自动化监测技术及GIS地图，实现对风险监数据的实时采集分析和风险的可视化管理，成为全国地铁行业风险管理的典范。

8. 国内首条35kV分散供电方式的地铁线路，采用分散式供电方式直接从城市电网220kV高压变电站引入35kV电源至地铁车站内，再通过35kV电源开闭所进行分配，具有很高的可靠性。同时，节约了主所建设用地、投资及运营维护费用。

三、获奖情况

1. "青岛地铁高性能衬砌混凝土开发与耐久性监测评估"获得2016年度青岛市科技进步二等奖；

2. 2016~2017年度中国施工企业管理协会国家优质工程奖；

3. 2016年度山东省勘察设计协会山东省优秀建设设计二等奖。

青岛北站
永平路站
振华路站
君峰路站
李村站
万年泉路站
海尔路站
地铁大厦站
长沙路站
双山站
清江路站
错埠岭站
敦化路站
宁夏路站
江西路站
五四广场站
延安三路站
中山公园站
汇泉广场站
人民会堂站
太平角公园站
青岛站

安顺车辆段

沧

李沧区

市北区

市南区

市北区

四方区

黄

海

胶州湾

换乘车站
普通车站

青岛市地铁3号线工程线路布置全景图

青岛北站地铁综合交通枢纽内景图

超长一次提升出入口

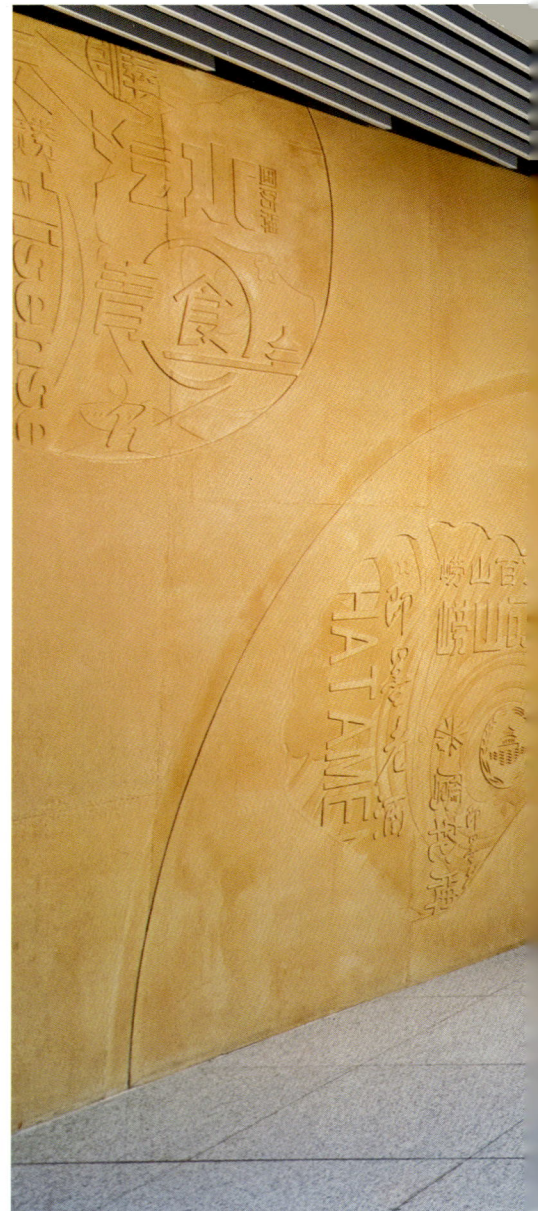

李村站站厅海洋元素艺术设计

自然和谐的环保型地铁出入口

1500V接触轨及安全防护系统

组织有序的换乘车站站厅层

新型电空混合制动双壳铝合金节能车辆

南京至高淳城际轨道
南京南站至禄口机场段工程
（S1线一期）

（推荐单位：江苏省土木建筑学会）

一、工程概况

作为2014年第二届夏季青年奥运会重要工程项目的"南京至高淳城际轨道南京南站至禄口机场段工程（S1线一期）"，采用6B编组，设计最高时速为100km的机场专线。线路全长35.8km，其中高架段长16.9km、过渡段长0.7km、地下段长18.2km，高架区间上部结构采用预制及现浇混凝土U型梁，地下区间采用盾构法施工。共设置车站8座，其中高架车站3座、地下车站5座、换乘车站5座，另设车辆段1座、控制中心1座、主变电站2座和8个中间风井。

工程于2011年12月27日开工建设，2014年6月12日竣工，总投资136亿元。

二、科技创新与新技术应用

1. 创新采用模块化、集约化设计理念，通过对隧道稳定系统、刀盘系统、注浆系统和控制系统等核心系统的集中攻关，成功研制了具有国际领先水平的智能盾构掘进机，研发形成了隧道变形、抗浮、防水以及盾构姿态控制成套技术体系，开创了盾构法隧道在负覆土条件下地面直接始发掘进的先河，拓展了盾构法隧道的应用范围。

2. 针对全断面岩层和复合地层的复杂地质特点，国内首次提出了"平衡+敞开"双模式转换盾构设计理念，集成研制了基于地层适应性为核心的刀盘刀具、主驱动与推进、排土与出渣等关键系统组成的复合盾构机，成功实现了地铁隧道连续150m近距离穿越6条高铁线路，变形控制在1mm以内。

3. 首创研发了"隧道结构沉降变形自动群测系统"，实现了被测点密度高、被测范围大的隧道结构沉降变形在线连续监测，有效地降低了测量成本、提高了测量效率和精度。

4. 国内首创运用了"基于BIM技术的机电设备维护系统及节能监管系统"，实现了机电设备的实时数据管理及3D双向查询功能和可视化的能耗监控及优化；深化集成了具有更高调度自动化、集成互联度更优的综合监控系统，提高了地铁的运营维护效率；首次引入了吸气式感烟探测器和感温光纤探测技术，保证了系统在火灾发生初期及时发现火情，提高了地铁的运营安全。

5. 国内首创地铁车站与国际机场航站楼一体化设计与施工，实现了地铁站与航站楼零换乘，创造了国内同步设计、同步建设、同步开通运营的先例。

6. 本项目研究成果总体达到国际先进水平，其中"地面出入式

U型简支梁高架区间

盾构法隧道技术"、"既有盾构适应性改制技术"和"建养一体化的地铁隧道和设备安装维护关键技术"达到国际领先水平，共形成专利21项（其中发明专利17项）、软件著作权5项、省部级工法1项、论文41篇、专著2部。

三、获奖情况

1. "地面出入式盾构法隧道新技术与工程示范"获得2015年度上海市科技进步一等奖；

2. "敏感环境下复合地层盾构隧道工程综合技术与应用"获得

2016年度江苏省科学技术三等奖；

3．2015年度中国勘察设计协会全国优秀工程勘察设计奖市政公
用工程一等奖；

4．2015年度广东省工程勘察设计行业协会广东省优秀工程设计
一等奖；

5．2015年度江苏省住房和城乡建设厅江苏省优质工程奖〝扬
子杯〞；

6．2015年度上海市市政公路行业协会上海市市政工程金奖。

地面出入式盾构法隧道与地面连接段实景图

南京南站控制中心

南京南站站厅层

成型圆隧道

6B编组列车

香港净化海港计划

（推荐单位：香港工程师学会（土木分部））

一、工程概况

香港净化海港计划是香港历史上规模最为庞大的一项环保基建项目，它通过地下深层隧道收集维港两岸污水进行集中处理，大幅改善维港水质。工程跨越10个政务分区，分两期进行，历时21年。

计划实施主体工程包括：建造埋深达70～160m、长约44km覆盖维港两岸的地下深层污水隧道，输送污水到昂船洲污水处理厂集中处理，再由海底排放管作扩散和稀释；改善位于维港两岸16间基本污水处理厂，把市区收集的污水进行基本处理后，经竖井排放到地下深层污水隧道中；扩建昂船洲污水处理厂，建造大型泵房、竖井、隧道、双层沉淀池和消毒设施等，提升污水日处理能力至245万m^3；设计和建造柴电混合动力远洋级集装箱污泥运送船，日处理达1000t，以提升恶劣天气下运送污泥的稳定性，减少对陆上交通和公众的影响。

项目主体隧道均在地表70m以下，大部分更在海平面150m以下，隧道施工面临特大水压环境。隧道进入昂船洲污水处理厂后，采用盾构法隧道施工，克服了穿越复杂复合地层、密集桩基群（水平距离仅2.0m）和隧道小曲率半径等一系列技术难题。

该项目第一期及第二期投入运营后，维港海水中大肠杆菌含量分别减少50%和75%，水质得到实质性大幅改善。2010年以来，所有泳滩海水样本中的大肠杆菌含量已完全符合标准。

工程于1994年开工建设，2015年12月竣工，总投资258亿港元。

二、科技创新与新技术应用

1. 集成应用倒虹吸管设计方法，建造了长44km、埋深达70～160m的深层污水隧道。完成了16家既有污水处理厂的改造及昂船洲污水处理厂的扩建，成功实现了维港两岸污水集中收集、处理和排放，日处理能力达245万m^3，大幅减少电力消耗，节能效果明显；

2. 创新整合排放水隧道与氯消毒处理功能设计工艺，建造埋深90m、内径8.5m、长度880m排放水隧道及下游脱氯设施，有效延长氯处理时间30min，达到高效消毒效果，同时免除了兴建大型地面消毒设施，降本增效显著；

3. 创新研制了柴电混合动力远洋级集装箱污泥运送船，日处理量达1000t以上，可进行全天候运送污泥，泊岸时采用电力驱动，可有效减少碳排放，环保效果突出；

4. 通过对盾构超小曲率半径、超深隧道、超高水压等复杂条件下施工成套关键技术的研究与应用，成功实现了最小曲率半径为

248.5m条件下，隧道轴线偏差量控制在±35mm、隧道渗漏控制在5L/100m以内的技术要求。

5. 工程建设完成并投入使用后综合效果显著，全寿命周期节省成本达40%，每日减少排入维多利亚港污泥近1000t，海水含氧量增加13%，大肠杆菌含量减少75%，水质得到了大幅改善，停办多年的维港渡海泳亦于2011年复办。

昂船洲污水处理厂全景

三、获奖情况

1. 2016年度国际水务情报〝全球年度水奖污水处理类别卓越奖〞;

2. 2016年度新土木工程师、英国土木工程师学会〝英国建造业奖年度国际项目奖〞;

3. 2013年度香港工程师学会〝21世纪香港十大杰出工程项目〞;

4. 2011年度、2014年度香港建造业议会发展局〝公德地盘优异奖及杰出环境管理表现优异奖〞。

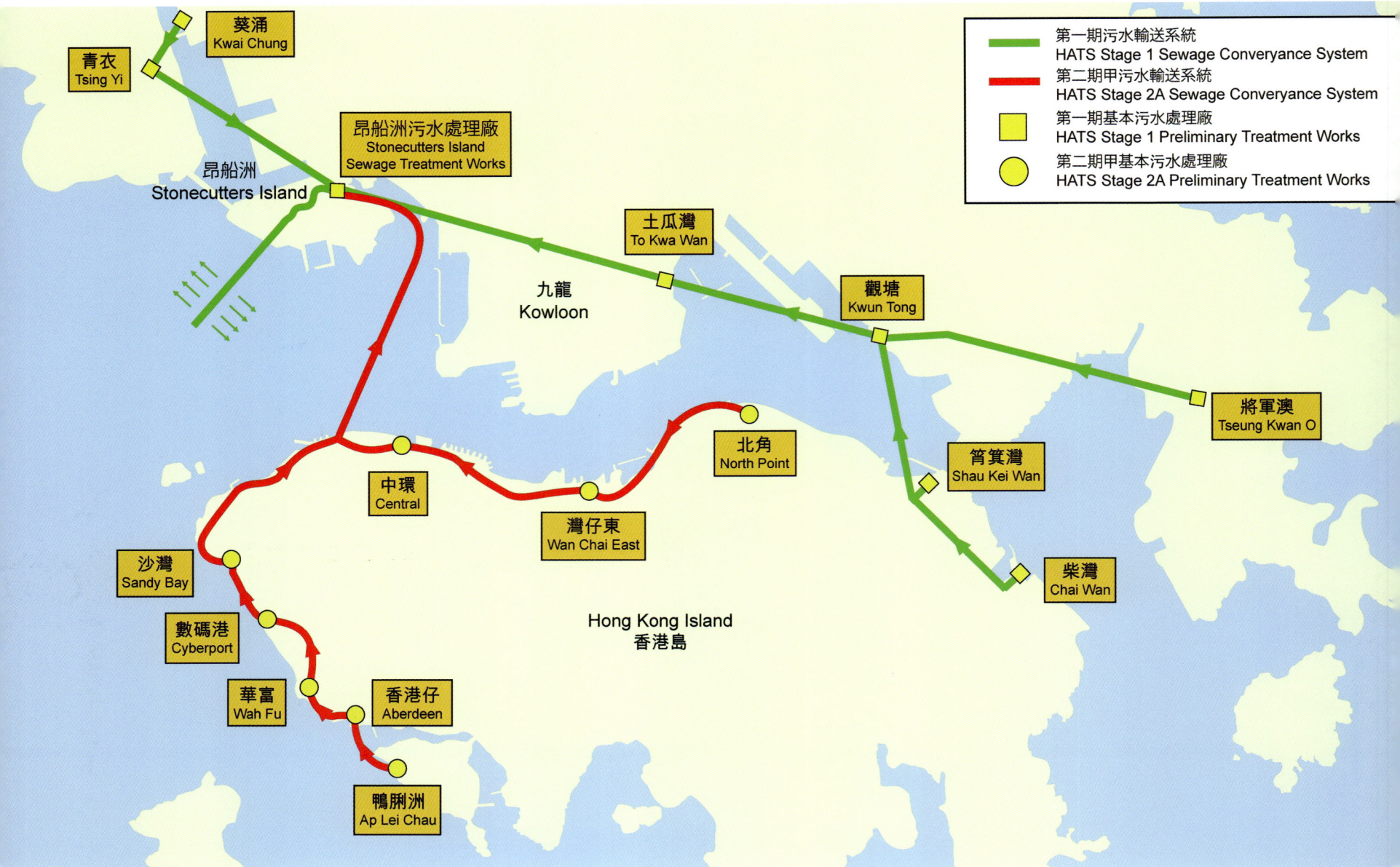

图例

第一期污水输送系统 HATS Stage 1 Sewage Converyance System	
第二期甲污水输送系统 HATS Stage 2A Sewage Converyance System	
第一期基本污水处理厂 HATS Stage 1 Preliminary Treatment Works	
第二期甲基本污水处理厂 HATS Stage 2A Preliminary Treatment Works	

青衣 Tsing Yi
葵涌 Kwai Chung
昂船洲 Stonecutters Island
昂船洲污水處理廠 Stonecutters Island Sewage Treatment Works
土瓜灣 To Kwa Wan
九龍 Kowloon
觀塘 Kwun Tong
將軍澳 Tseung Kwan O
北角 North Point
中環 Central
灣仔東 Wan Chai East
箭箕灣 Shau Kei Wan
柴灣 Chai Wan
沙灣 Sandy Bay
數碼港 Cyberport
華富 Wah Fu
香港仔 Aberdeen
Hong Kong Island 香港島
鴨脷洲 Ap Lei Chau

污水收集及处理过程剖面示意图

"净港一号"污泥船

强化污水处理双层沉淀池

昂船洲污水处理厂控制室

污泥脱水大楼

污泥脱水离心机组

污水输送隧道竖井

建造中的污水输送隧道

建造中的二号主泵房

污水输送隧道永久衬砌建造

郑州市下穿中州大道下立交工程

（推荐单位：中国土木工程学会市政工程分会）

一、工程概况

郑州市下穿中州大道下立交工程是穿越郑州市中央生态大道，联通新老城区的连接通道，建设规模为机动车双向四车道，两侧各设非机动车道与人行道。工程总长为2009m，下立交敞开段与暗埋段宽度分别为17.2m和39.1m，采用明挖法施工。其中，穿越中州大道段由10.4m×7.5m与6.9m×4.2m两种断面形式、4条大型矩形顶管隧道组成，采用暗挖法进行施工，累计穿越长度为1288m。

工程首次采用自主研制10.4m×7.5m世界最大断面尺寸的矩形隧道顶管机动车道顶进施工，顶管顺利穿越了交通繁忙的中州大道以及众多管线，穿越过程中沿线构筑物各项指标均达到设计控制标准，轴线控制水平符合设计要求，隧道自身的间隙、错台、转角、渗水等各项控制指标均处优良水平。为同类大直径顶管法隧道建设施工提供了宝贵的经验。

下穿中州大道下立交工程的建成解决了郑州市郑东新区与中心城区之间连接通道的瓶颈问题，极大地推动郑州社会、经济的综合发展，具有较高的社会效益。

工程于2013年5月开工建设，2015年8月竣工，总投资8.61亿元。

二、科技创新与新技术应用

1. 首次自主成功研制了10.4m×7.5m国内最大断面的矩形隧道顶管机，其组合式曲轴行走机构的刀盘驱动形式可对隧道进行全断面切削，保障了开挖面稳定，有效控制了地面沉降，多次成功穿越运营中的双向八车道和地下各类市政管线，确保了工程的安全。

2. 创新设计研发了10.4m×7.5m超大断面矩形管节钢模和空中吊装遥控自动翻身吊具，实现了重量达73t的预制拼装式高精度管节的自动化生产加工及高效翻身，提高了管节生产与拼装的效率。

3. 首创超大断面矩形隧道长距离掘进施工工法。首次研发了超大断面顶管机的土舱内加注改良剂与分区多点循环压注的成套施工工艺，极大地提高了开挖土体的塑流性和出土的连续性，加快了隧道的施工速度和施工工期。

4. 创新研发了适用于超大断面矩形顶管的减摩工艺以及具有保压性的高黏聚力低滤失量的新型减摩泥浆材料，有效解决传统置换注浆工艺引起的地层损失，最大程度减少了超大断面顶管掘进过程中对周边土体的扰动，有效控制了地面沉降。

5. 研发形成了超大断面顶管隧道掘进机以及超长距离施工成套

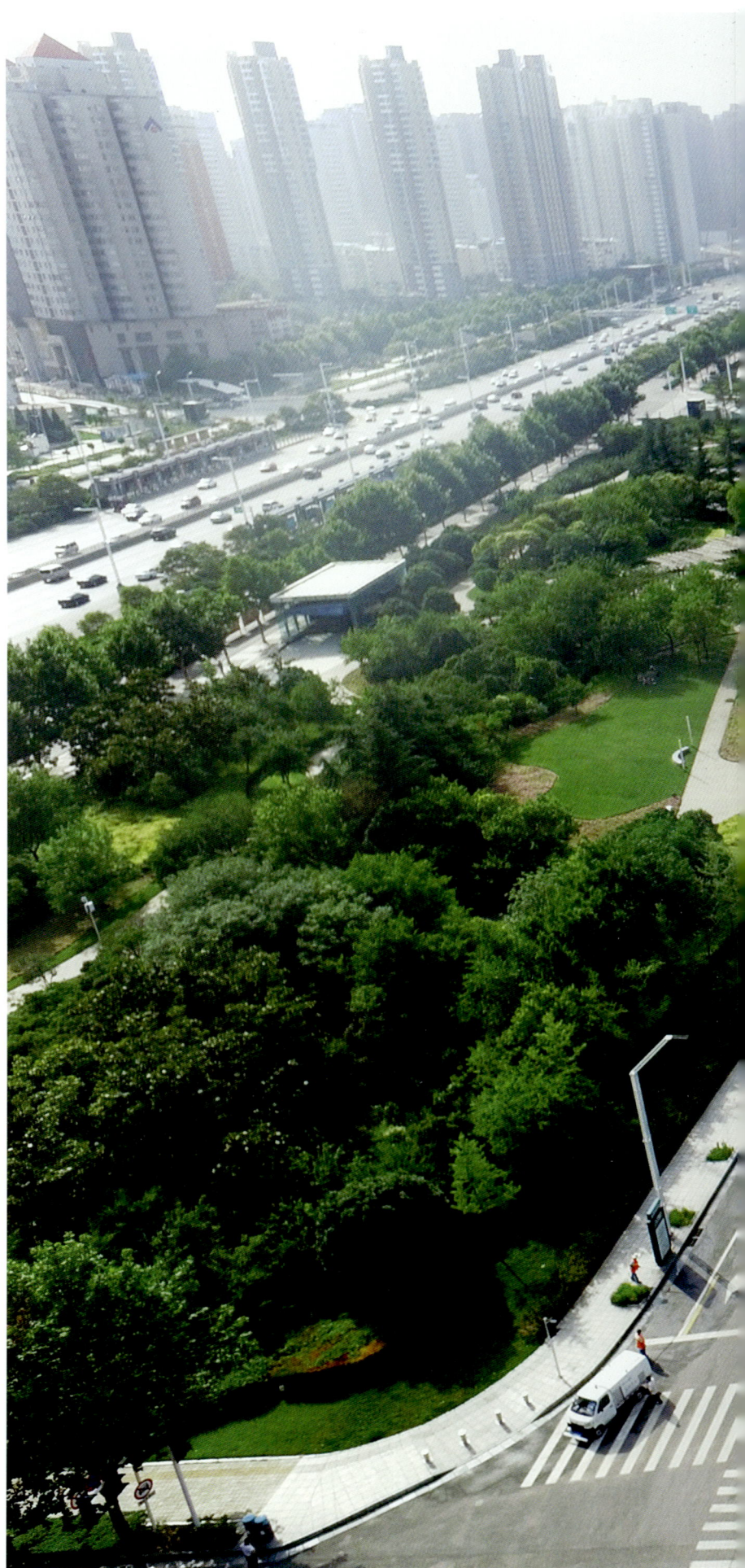

技术，已成功推广应用于南京奥体大街地下通道、上海临空核心四街坊地下通道以及轨道交通14号线静安寺车站，社会经济与环境效益明显。

三、获奖情况

1. "超大断面矩形顶管法隧道建造成套关键技术及应用"获得2016年度上海市科技进步二等奖；

2. 2016年度河南省市政公用业协会河南省市政工程金杯奖。

纬四路下穿中州大道下立交工程俯视图

纬四路下穿中州大道下立交工程入口

机动车道内景

非机动车道内景

沈庄北路-商鼎路下穿中州大道下立交工程入口

矩形顶管管片翻身吊装

新型减摩泥浆压注

矩形顶管机始发

杭州市东、西部天然气应急气源站工程

（推荐单位：中国土木工程学会燃气分会）

一、工程概况

杭州市东、西部天然气应急气源站工程是杭州市保障民生、助推能源产业转型升级的重要能源基础设施。该工程由西部LNG应急气源站和东部LNG应急气源站组成，LNG总贮存规模为14950m³，折合气态天然气约900万Nm³。

西部LNG应急气源站总贮存量为4950m³，折合气态天然气约为300万Nm³，贮存设备包括1台4500m³常压罐与3台150m³真空粉末绝热罐，总供气规模为80万Nm³/d，高压（4.0MPa）和中压（0.4MPa）供气高峰小时流量均为4万Nm³/h。

东部LNG应急气源站总贮存量为10000m³，折合气态天然气约为600万Nm³。储罐区设置1台10000m³全包容低温常压罐，总供气规模为130万Nm³/d，高压（4.0MPa）和中压（0.4MPa）供气高峰小时流量分别为8万Nm³/h和5万Nm³/h。

该工程兼具城市应急气源功能、城市调峰补气功能、LNG转运功能以及汽车加气功能。除此以外，该工程作为城市备用气源的储存设施，可提高城市气源供应调配和变化能力，可灵活应对市场需求和价格波动，平衡LNG的季节性差价和管道气价差，具有可观的经济效益。

工程于2010年11月开工建设，2015年7月竣工，总投资4.9亿元。

二、科技创新与新技术应用

1. 该工程是杭州市天然气利用工程的重要部分，工程规划具有前瞻性，与管网系统布局高度统一，与市场需求高度一致，工艺设计先进合理，集多功能于一体，综合能力强，建设质量和科技创新水平达到国内领先、国际先进水平；

2. 国内首次选用较小容积的全包容低温储罐应用于城市燃气系统，有效提高城市应急气源的可靠性，优化了结构性能。站控子系统运用了物联网等技术，项目建设管理采用精细化专业公司管理，核心装备采用EPC发包模式，有效提高工程质量；

3. 自主研制的进液管气液分离装置、潜液泵泵井专用减振装置等全容罐辅助装置，优化全容罐结构和功能，提高了全容罐技术水平，具有良好的引领作用；

4. 该工程采用国内首创的LNG外输中高压二级泵接力系统、LNG装卸车一体化系统和共建集液池设计等工艺创新，在行业内具有较好的示范作用；

5. 该工程采用全容罐外壁环墙定型钢模板翻模施工工艺、贯穿

式锚固带施工工艺和不锈钢GTAW背面充氮保护焊施工工法等多项施工创新，并采用国内先进的保温技术。应用远程控制、数据采集和变频技术实现智能化管理。

三、获奖情况

1. 2016年度天津市勘察设计协会"海河杯"天津市优秀勘察设

杭州市东部应急气源站全景图

计"市政公用工程燃气热力"一等奖；

2. 2016年度浙江省市政行业协会浙江省市政（优质工程）金奖示范工程；

3. 2013年度浙江省住房和城乡建设厅、浙江省勘察设计行业协会浙江省建设工程钱江杯奖（优秀勘察设计）综合工程三等奖；

4. 2013年度杭州市勘察设计行业协会杭州市建设工程西湖杯（优秀勘察设计）一等奖；

5. 2015年度杭州市市政行业协会杭州市建设工程"西湖杯"奖（市政基础设施工程）。

杭州市西部应急气源站全景图

杭州市东部应急气源站

杭州市西部应急气源站鸟瞰图

杭州市东部应急气源站储罐

杭州市东部应急气源站卸车操作

发明专利：LNG装、卸车一体化装置

南宁·瀚林美筑

(推荐单位：中国土木工程学会住宅工程指导工作委员会)

一、工程概况

南宁·瀚林美筑住宅小区位于南宁市东洲路23号。占地面积7.4公顷，由地下三层车库、地上16栋17～23层高层住宅及中心会所、沿街商铺等组成，总建筑面积21.38万m^2，其中住宅12.89万m^2，商业6139m^2，架空层7832m^2，配套公建2140m^2，地下室6.87万m^2，框剪结构。住宅总套数1392套，地下停车位1333个，沿街地面停车位118个，停车率100%。容积率2.0，建筑密度26.55%，绿地率36%。

南宁·瀚林美筑住宅小区规划科学合理，功能完备，建筑设计理念新颖超前，施工质量安全可靠，小区管理维护系统完善，服务品质高，住户非常满意。在建造过程中，各参建单位始终遵循了"适用、经济、绿色、美观"的建造理念，以自主创新、节约环保的精神，结合南方自然气候条件，融合岭南人文风俗文化等，着力构筑了"园林、生态、绿色、海绵、智能"典范小区。

工程于2010年12月21日开工，2013年9月18日竣工。总投资5.45亿元。

二、科技创新与新技术应用

1. 科学合理的规划布局：结合山坡地形地貌特点依坡就势、高低错落的竖向设计；突出中心区域作用的梯形环状院落式布局；人车分流的交通设计；疏密合理、景观层次丰富的绿化配栽。

2. 节能环保，绿色宜居的建筑设计：90%小套型可变户型建筑设计，布局合理、动静分区、干湿分离；采用地下室侧向自然通风采光设计及首层架空设计，节能减排；太阳能光伏发电全面保障小区公共设施供电；采用雨水收集再利用技术，水资源循环再利用率大于30%。

3. 施工创新技术：外墙铺设加强钢丝网和抗裂纤维网，确保外墙至今无开裂、无渗水；广泛应用商品混凝土、铝合金成品门窗、成品烟道等住宅产业化技术；运用机电管线综合平衡布置技术，合理利用建筑空间。

4. 智能运维管理技术：小区设有地下停车、保安巡更等智能物业管理系统；设有保安视频监控、小区出入人行闸道、数字可视对讲门禁、紧急呼救报警等安全管理系统。

小区正立面实景图

三、获奖情况

1. 2017年度中国土木工程詹天佑奖优秀住宅小区金奖；

2. 2015年度中国建筑业协会中国建设工程鲁班奖；

3. 2014年度广西壮族自治区住房和城乡建设厅广西壮族自治区优质工程奖。

小区依坡就势景观布局

小区小品亭台景观

小区背立面实景图

小区绿廊点缀草间

明厅

明卧

明厨

小区刚建成时的全貌

明卫

会所

小区依坡就势设置半采光通风地下室

小区雨水收集系统

小区俯瞰实景图

小区露天泳池

小区高尔夫练习场

小区太阳能光伏发电系统

小区儿童游乐设施

图书在版编目（CIP）数据

第十五届中国土木工程詹天佑奖获奖工程集锦／郭允冲主编．—
北京：中国建筑工业出版社，2018.1
　ISBN 978-7-112-21615-4

　Ⅰ.①第… Ⅱ.①郭… Ⅲ.①土木工程－科技成果－中国－现代
Ⅳ.①TU-12

　中国版本图书馆CIP数据核字（2017）第297812号

责任编辑：王砾瑶　范业庶
责任校对：李欣慰

第十五届中国土木工程詹天佑奖获奖工程集锦
中　国　土　木　工　程　学　会
北京詹天佑土木工程科学技术发展基金会
郭允冲　主编
*
中国建筑工业出版社出版、发行（北京海淀三里河路9号）
各地新华书店、建筑书店经销
北京锋尚制版有限公司制版
北京富诚彩色印刷有限公司印刷
*
开本：787×1092毫米　1/8　印张：22　字数：390千字
2018年3月第一版　2018年3月第一次印刷
定价：248.00元
ISBN 978－7－112－21615－4
　　　（31274）